AHK 电气安装与调试

主　编　荆瑞红　陈友广

副主编　徐弈辰　马介宏

主　审　周晓刚

北京理工大学出版社
BEIJING INSTITUTE OF TECHNOLOGY PRESS

内 容 简 介

本书以项目为载体，以工作任务为导向设计，以学习任务、任务工单形式体现行动导向的教学理念，从简单项目到综合考试项目，系统涵盖了 AHK 机电一体化专业技术工种中电气安装的技术内容。本书内容包括 AHK 考工电气安装技术标准解读、三相异步电动机连续运行控制电路的装调、工作台自动往返控制电路的装调、三相异步电动机星三角启动控制电路的装调、双速异步电动机调速控制电路的装调、三相异步电动机能耗制动控制电路的装调、电子器件的焊接与装调、筛选装置的安装与调试。

本书可作为高等院校、高等职业技术院校专业课程教材，也可作为从事电气控制工作工程技术人员的理论、实践参考书。

图书在版编目（CIP）数据

AHK 电气安装与调试 / 荆瑞红，陈友广主编.

北京：北京理工大学出版社，2024. 10.

ISBN 978-7-5763-4521-6

Ⅰ. TM05

中国国家版本馆 CIP 数据核字第 2024VH0257 号

责任编辑：多海鹏　　　文案编辑：多海鹏
责任校对：周瑞红　　　责任印制：李志强

出版发行 / 北京理工大学出版社有限责任公司
社　　址 / 北京市丰台区四合庄路 6 号
邮　　编 / 100070
电　　话 / （010）68914026（教材售后服务热线）
　　　　　 （010）63726648（课件资源服务热线）
网　　址 / http://www.bitpress.com.cn

版 印 次 / 2024 年 10 月第 1 版第 1 次印刷
印　　刷 / 唐山富达印务有限公司
开　　本 / 787 mm×1092 mm　1/16
印　　张 / 14.25
字　　数 / 332 千字
定　　价 / 77.00 元

前　言

中共中央办公厅、国务院办公厅印发的《关于推动现代职业教育高质量发展的意见》提出，要"切实增强职业教育适应性"，在长三角地区甚至全国范围内，AHK 机电一体化技术工种在职业工种考试中占比很高，为了强化 AHK 机电一体化专业技术工的电气装调基本技能和基本理论，本书贯彻落实党的二十大精神，结合高职教育人才培养特点，以学生为主体，突出能力本位，注重培养学生的职业技能和职业素养。本书是以项目为载体，以工作任务为导向，以工作页为展现形式，面向电气工程技术人员、自动控制系统技术人员编写而成的专业教材。

本书依据 AHK 机电一体化工"学习领域 3 基于技术安全规范的电气设备安装"设计内容，其主要内容包括：AHK 考工电气安装技术标准解读、三相异步电动机连续运行控制电路的装调、工作台自动往返控制电路的装调、三相异步电动机星三角启动控制电路的装调、双速异步电动机调速控制电路的装调、三相异步电动机能耗制动控制电路的装调、电子器件的焊接与装调、筛选装置的安装与调试 8 个项目。

本书基于行动导向的教学理念进行编写，每个项目分为学习任务和任务工单两个部分。学习任务部分主要针对每个项目涉及的信息进行详细讲解，任务工单部分按照任务分析、任务准备、任务实施、检查评估、心得收获、拓展强化六个行动任务设计完整的工作过程。

本书由荆瑞红、陈友广担任主编，徐弈辰、马介宏担任副主编，荆瑞红负责教材体例的编制、教材内容的确定及教材编制方向的把握。具体编写分工为：荆瑞红编写项目 1、项目 2 和项目 8 中的学习任务 8.1 和学习任务 8.2，陈友广编写项目 3、项目 4、项目 7 和项目 8 中的学习任务 8.3，徐弈辰编写项目 5、项目 6 和项目 8 中的学习任务 8.4。周晓刚教授对本书的编写进行指导，并对项目内容、工作页以及知识内容进行审核。合作企业亿迈齿轮（太仓）有限公司马介宏、莱茵科斯特智能科技有限公司徐凌军、舍弗勒（中国）有限公司培训中心于飞为本书的编写提供了部分素材，同时，本书得到了德中工商技术咨询服务有限公司的支持。

本书在编写过程中，参考了部分参考文献，并吸纳了德国 AHK 机电一体化专业技术工历年考试的知识点与技术点，在此一并致谢。

由于水平有限，书中难免存在不足之处，恳请广大读者批评指正。

编　者

目　录

项目1　AHK 考工电气安装技术标准解读 ································· 1

　学习任务部分 ·· 3

　　学习任务 1.1　AHK 机电一体化专业技术工学习领域 ················· 3
　　学习任务 1.2　AHK 机电一体化专业技术工考试电气控制要求 ······· 4
　　学习任务 1.3　5S 管理规范 ··· 11

　任务工单部分 ·· 14

　　任务工单 1.1　AHK 机电一体化专业技术工学习领域 ················· 14
　　任务工单 1.2　AHK 机电一体化专业技术工考试电气控制要求 ······· 16

项目2　三相异步电动机连续运行控制电路的装调 ····················· 22

　学习任务部分 ·· 23

　　学习任务 2.1　低压电气元件的选型 ·· 23
　　学习任务 2.2　低压电气图的识读 ··· 30
　　学习任务 2.3　电动机连续运行线路分析 ··································· 34

　任务工单部分 ·· 35

　　任务工单 2.1　低压电气元件的选型 ·· 35
　　任务工单 2.2　电动机连续运行电路安装与调试 ························· 38

项目3　工作台自动往返控制电路的装调 ································· 45

　学习任务部分 ·· 47

　　学习任务 3.1　互锁 ··· 47
　　学习任务 3.2　行程开关 ··· 48
　　学习任务 3.3　安全继电器 ··· 49
　　学习任务 3.4　重载连接器 ··· 51
　　学习任务 3.5　马达保护断路器 ··· 53
　　学习任务 3.6　航空插头 ··· 54
　　学习任务 3.7　端子排 ··· 55
　　学习任务 3.8　线号标识 ··· 56
　　学习任务 3.9　接线规范 ··· 58
　　学习任务 3.10　电气原理图分析 ·· 59
　　学习任务 3.11　工作台自动往返的 PLC 控制 ···························· 60

任务工单部分 ··· 63

　　任务工单 3.1　工作台自动往返控制电路的安装与调试 ·················· 63

　　任务工单 3.2　PLC 控制的工作台自动往返电路装调 ····················· 69

项目 4　三相异步电动机星三角启动控制电路的装调 ················· 74

学习任务部分 ··· 76

　　学习任务 4.1　三相异步电动机的启动方式 ··························· 76

　　学习任务 4.2　三相异步电动机的星三角接法 ························· 79

　　学习任务 4.3　时间继电器 ··· 80

　　学习任务 4.4　时间控制的电动机星三角启动电路 ····················· 81

　　学习任务 4.5　PLC 控制的星三角启动电路 ··························· 82

任务工单部分 ··· 85

　　任务工单 4.1　时间控制的电动机星三角启动电路的装调 ················ 85

　　任务工单 4.2　PLC 控制的电动机星三角启动电路的装调 ················ 91

项目 5　双速异步电动机调速控制电路的装调 ····················· 95

学习任务部分 ··· 97

　　学习任务 5.1　三相异步电动机的调速方法 ··························· 97

　　学习任务 5.2　双速异步电动机定子绕组的连接 ······················ 97

　　学习任务 5.3　中间继电器 ··· 98

　　学习任务 5.4　按钮控制的双速异步电动机电路分析 ··················· 99

　　学习任务 5.5　自动控制的双速异步电动机电路分析 ·················· 100

　　学习任务 5.6　变频器技术 ·· 101

　　学习任务 5.7　变频器的安装与参数设置 ··························· 102

　　学习任务 5.8　MM420 变频器的调试 ······························ 109

　　学习任务 5.9　变频调速控制电路的安装与调试 ······················ 115

任务工单部分 ·· 120

　　任务工单 5.1　双速电机调速控制电路的安装与调试 ·················· 120

　　任务工单 5.2　变频调速控制电路的安装与调试 ······················ 125

项目 6　三相异步电动机能耗制动控制电路的装调 ················· 131

学习任务部分 ·· 133

　　学习任务 6.1　整流电路 ·· 133

　　学习任务 6.2　变压器 ··· 135

　　学习任务 6.3　制动原理 ·· 137

　　学习任务 6.4　能耗制动控制电路电气原理图分析 ···················· 138

　　学习任务 6.5　三相异步电动机反接制动控制电路电气原理图分析 ········· 139

　　学习任务 6.6　三相异步电动机反接制动的 PLC 改造 ·················· 140

任务工单部分 ·· 142

　　任务工单 6.1　能耗制动控制电路的装调 ··························· 142

　　任务工单 6.2　三相异步电动机反接制动的 PLC 改造 ················ 147

项目 7　电子器件的焊接与装调 ················ 153

　学习任务部分 ················ 155

　　学习任务 7.1　串联型稳压电源电路的分析 ················ 155

　　学习任务 7.2　桥式整流电路 ················ 156

　　学习任务 7.3　滤波电路 ················ 157

　　学习任务 7.4　稳压电路 ················ 158

　　学习任务 7.5　电子电路的焊接 ················ 159

　　学习任务 7.6　电压调整率和电流调整率 ················ 161

　　学习任务 7.7　调压器 ················ 162

　　学习任务 7.8　信号发生器 ················ 162

　　学习任务 7.9　示波器 ················ 164

　　学习任务 7.10　晶闸管调光电路的分析 ················ 166

　任务工单部分 ················ 168

　　任务工单 7.1　稳压电源的焊接和调试 ················ 168

　　任务工单 7.2　白炽灯调光电路的焊接与调试 ················ 173

项目 8　筛选装置的安装与调试 ················ 178

　学习任务部分 ················ 180

　　学习任务 8.1　筛选装置控制要求 ················ 180

　　学习任务 8.2　筛选装置电气柜相关元器件选型 ················ 181

　　学习任务 8.3　筛选装置主回路分析 ················ 185

　　学习任务 8.4　筛选装置控制回路分析 ················ 185

　任务工单部分 ················ 190

参考文献 ················ 218

项目1 AHK考工电气安装技术标准解读

项目介绍

作为双元制学徒，小张想在大学期间考取 AHK 机电一体化专业技术工职业资格证书（见图 1-1），在学习和考试之前，他想全面了解 AHK 机电一体化专业技术工种，尤其是电气安装技术标准和安全规范等。

AHK 2023

Z e r t i f i k a t
证 书

Herr | Frau	geboren am
姓名	出生日期

__Personalausweis Nr. 身份证号码__

__Berufsschule 所在学校__

hat in der Zeit vom　　　　　bis　　　　　　an der　jährigen deutschen dualen Ausbildung und Abschlussprüfung im Ausbildungsberuf Mechatronik erfolgreich teilgenommen.

在　　年　月　日至　　年　月　日期间，参加了为期　年的德国双元制职业技术培训，并且合格通过机电一体化专业的毕业考试。

Mit der erfolgreichen Abschlussprüfung ist der Absolvent berechtigt, den Titel

__Mechatroniker/-in__ zu tragen.

经考核，现授予机电一体化专业技术工头衔。

Die Ausbildung und Prüfungen wurden in Abstimmung mit AHK und in Anlehnung an die in der Bundesrepublik Deutschland geltenden Vorschriften zum oben genannten Ausbildungsberuf durchgeführt. Die Ausbildungsinhalte wurden in den Bereichen, in denen es erforderlich war, auf das chinesische Wirtschaftssystem abgestimmt. Ausbildung und Prüfung erfolgten in chinesischer Sprache.

本专业的学习和考核是在与德国海外商会联盟的协定下，依照德国上述职业的职业培训章程进行的。部分培训的内容作了适合中国职业教育体制的必要调整，学习和考试是在中文的语言环境下进行的。

Prüfungsgesamtergebnis	Punkte（von Hundert）
考核总成绩	得分（100 分为满分）

Datum, 日期

图 1-1 机电一体化技术工职业资格证书

学有所获

知识目标

（1）了解 AHK 机电一体化技术员的学习领域。

（2）了解"学习领域 3 基于技术安全规范的电气设备安装"所要求的电气知识。

（3）掌握电气安全标识、电流对人体的伤害。

（4）了解培训中心的 5S 规范。

能力目标

（1）能快速识别电气安全标识。

（2）能根据标准 DIN VDE 0140 判断身体反应。

（3）能根据培训中心规范严格进行操作。

素养目标

（1）养成查阅资料信息化能力。

（2）遵守电气操作的安全规范。

（3）养成强国有我的自强意识。

学习任务部分

学习任务 1.1　AHK 机电一体化专业技术工学习领域

德国认证的职业培训工种分布于农业、工商业、手工业、公共服务（3%）、自有职业和海运六个大类，其中最主要的是工商业（占比52%）和手工业（占比15.3%）。

德国从国家层面制定《企业职业培训条例》与《学校框架教学计划》，企业依据《企业职业培训条例》制定企业培训大纲，学校依据《学校框架教学计划》制定学校教学大纲，从而实现企业培训内容与学校教学内容相协调。

《××专业学校框架教学计划》是针对职业教育的教学大纲，描述了在职业学校中进行的与职业相关课程的教学目标、教学内容和教学时数。该计划组成部分包括绪论、职业学校教学任务、教学论原则、本专业的说明和学习领域等，其中学习领域是该计划最主要的组成部分。德国职业教育"学习领域"课程是按照工作过程展开的职业教育教学，在教学过程中，教师可根据职业领域发展状况和工作过程要求，将"学习领域"具体化为一系列与职业相关的学习情境进行教学。

德国于1998年开始设置机电一体化技术专业，依据《机电一体化职业培训条例》和《机电一体化工教学框架计划》（2018年2月23日修订）开展该工种的职业教育培训，职业学校依据《机电一体化工教学框架计划》制定教学大纲。机电一体化技术工学习领域共分为13个，见表1-1。

表 1-1　机电一体化技术工学习领域

序号	学习领域	建议时间分配以小时为单位		
		第1培训学年	第2培训学年	第3和第4培训学年
1	机电一体化系统功能关系的分析	40	—	—
2	机械子系统的制造	80	—	—
3	基于技术安全规范的电气设备安装	100	—	—
4	电气、气动和液压组件中能量流与信息流的检查	60	—	—
5	通过数据处理系统进行交流	40	—	—
6	工作流程的规划与组织	—	40	—
7	机电一体化子系统的实现	—	100	—
8	机电一体化系统的设计与开发	—	140	—
9	综合机电一体化系统中信息流的检查	—	—	80
10	装配和拆卸规划	—	—	40
11	调试、故障诊断和维修	—	—	160

序号	学习领域	建议时间分配以小时为单位		
		第 1 培训学年	第 2 培训学年	第 3 和第 4 培训学年
12	预防性维护	—	—	80
13	向客户移交机电一体化系统	—	—	60
	合　计	320	280	420

在机电一体化技术工学习领域中，"学习领域 3　基于技术安全规范的电气设备安装"是专门针对电气控制部分强化的学习领域。学习领域 3 属于基础领域，包括安全用电和触电急救、电路识图分析、电气线路安装应用和电气设备检修调试等电气的基础知识及应用能力。机电一体化系统包含了大量的电气设备，而电气设备安装除了需要具有足够的知识外，还需要有一个健全的防护体系。机电一体化系统和电气系统的内部元器件都必须遵守所有的安全规定，在对它们进行安装的过程中，要求技术人员必须掌握电量计算，必须清楚地知道它们之间的相互作用关系和显示参数的意义，必须掌握选择适当测量设备或测试程序对它们进行检查的方法。学习领域 3 的具体要求见表 1-2。

表 1-2　学习领域 3 的教学目标及内容

第一培训学年		目标学时：100 h
目标描述	➤ 学生牢固掌握电能效应的基本知识； ➤ 学生了解电气原理图，能够解释说明其工作原理，并对其工作模式进行检查； ➤ 学生会选择电气设备，会进行电量计算，会使用相关表格和公式； ➤ 学生能认识到使用电能对人员和设备带来的危险性，掌握保护人员和技术设备的措施，能按照相关规定选择与使用必要的检验仪器和测量仪器； ➤ 学生会对工作文件进行修改； ➤ 学生会从英语的工作文件中获取信息内容	
内容	➤ 电气参数、相互关系、说明方法和计算； ➤ 直流电路和交流电路中的元器件； ➤ 电气测量方法； ➤ 用于能量与信息传输的电缆和导线的选择； ➤ 电网； ➤ 过载、短路和超压造成的危险，以及对必要的保护器件的计算； ➤ 表格和公式的使用说明； ➤ 电流对有机体的效应、安全规则以及发生故障时的辅助措施； ➤ 对危害人体的电流的防护措施； ➤ 电气设备的检验； ➤ 产生过电压和干扰电压的原因，以及引起的不良影响和故障排除措施； ➤ 电磁兼容性（EMC）	

学习任务 1.2　AHK 机电一体化专业技术工考试电气控制要求

1. 一般用电要求

电气技术人员拥有专业的经验和知识，可以对从事的工作进行评估，并能识别可能的危险。如果在使用电能时忽略必要的安全措施，很可能造成人员伤亡及财产损失，因此电气设备安装者有义务遵守相关规定，如德国的 VDE 标准（VDE 0100 低压设备制造、VDE 0105 电气设备操作）、我国的国家电气设备安全技术规范（GB 19517—2009），以及按照电气工程的规定对电气设备与元件进行安装和维护。学员在进行电气实践操作前，必须接受防触电劳动保护与事故防范的安全作业知识培训，如触电的危害、防止人体触电的技术措施、触电急救、电气防火防爆等。

VDE 标准隶属德国标准化学会（DIN），VDE 标准由 VDE 规定、VDB 方针政策和增刊组成，电气从业人员应根据 VDE 规定和仪器设备安全法进行产品的电气技术安全检测。

1）电流对人体的危害

当人体通过交流电（50~60 Hz）时，会产生一定的生理反应，通常人体感知电流值如下：

（1）舌头：4.0~5.0 μA。

（2）手指：1.0~1.5 mA。

（3）肌肉疼率：20 mA。

（4）心室颤动：50 mA。

当电流强度超过 500 mA 时，触电常常致死！

根据标准 DIN VDE 0140-479-1 进行的 50 Hz 交流电试验得出了 AC-1~AC-4 的影响范围，如图 1-2 所示。

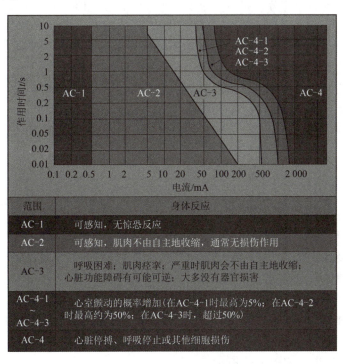

彩图

图 1-2　50 Hz 交流电对成人的影响范围（根据标准 DIN VDE 0140-479-1）

2）防止人体触电的技术措施

（1）基本防护。

通过绝缘、屏护、安全标志、安全距离、安全电压、保护接地和接零、漏电保护等方式防护。

（2）电流事故的处理措施见表1-3。

表1-3　电流事故的处理措施

设备	处理措施
低压设备	◆ 关闭设备； ◆ 拔电源插头； ◆ 关断保护装置（通常是电路保护开关）； ◆ 旋出熔丝
高压设备	◆ 立即拨打急救电话，保持距离； ◆ 通知负责电网运营的专业人员； ◆ 由具有电路授权的电工切断电路
不明电压	必须采取与高压设备相同的措施

3）触电急救

（1）立即拨打120求救。

（2）关掉电闸，切断电源，然后施救。

（3）对触电者的急救应分秒必争。对于发生呼吸和心跳停止的病人，应一面进行抢救，一面联系120求救。

（4）伤者神志清醒，呼吸、心跳均自主，应让伤者就地平卧，严密观察，暂时不要站立或走动，防止继发休克或心衰。

（5）伤者丧失意识时，要尝试唤醒伤者。呼吸停止、心搏存在者，就地平卧，解松衣扣，通畅气道，并立即口对口进行人工呼吸。

（6）发现心跳、呼吸停止，应立即进行口对口人工呼吸和胸外按压等复苏措施。

2. 触电方式

根据人体及带电体的方式及电流通过人体的途径，触电方式大致有以下几种，即单相触电、双相触电和跨步电压触电。

1）单相触电

人的一部分接触带电体，另一部分与大地或者中性线相接，电流从带电体经过人体到大地形成回路，这种触电方式称为单相触电，如图1-3所示。

2）双相触电

人体同时接触火线，加在人体的电压是380 V，这种情况很危险，但是出现的可能性较小。例如在家庭电路中，人虽然站在绝缘体上，但人体同时触到火线和零线直接形成通路，这样即形成了双相触电，如图1-4所示。

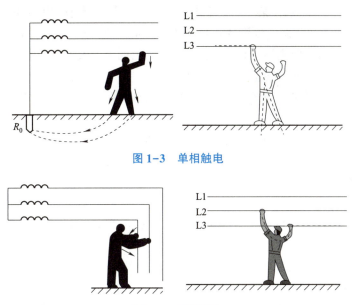

图 1-3 单相触电

图 1-4 双相触电

3）跨步电压触电

所谓的跨步电压是指当高压电线断落在地面时，会在导线接地点及周围形成强电场，其中，接地点电位最高，距离越远电位越低，如图 1-5 所示。当人或牲畜跨进这个区域时，两脚跨步之间将存在一个跨步电压，使人或牲畜产生跨步电压触电。此时，应该单脚跳出距离接地点8~10 m 以上才能脱离危险。

图 1-5 跨步电压触电

3. 低压电网接线方式

根据国际电工委员会（IEC）第 64 技术委员会（TC64）规定，低压电网的接线方式有以下 5 种，即 TT、IT、TN-C、TN-C-S、TN-S，其中各字母含义如下：第一个字母表示电源与地的关系，即"T"表示在某一点上牢固接地，"I"表示所有带电零件与地绝缘或某一点经阻抗接地；第二个字母表示电气设备外壳与地的关系，即"T"表示外壳牢固接地且与电源接地无关，"N"表示外壳牢固地接到系统接地点，其后的字母表示电网中中性线与保护线的组合方式，"C"表示中线与保护线是合一的（PEN线），"S"表示中性线与保护线是分开的。

低压三相供配电系统要保证安全用电，就必须正确掌握防触电保护的方法。

1）TN系统

TN系统的电源端有一个直接接地点，并引出N线，属三相四线制系统。系统中用电设备外壳通过保护线与该点直接连接，故又称保护接零。按照系统中中性线与保护线的不同组合方式，其又可分为以下三种形式。

（1）TN-C系统。

整个系统的中性线与保护线是合一的，称为TN-C系统，如图1-6所示。由于其投资较少，又节约导电材料，因此过去在我国应用比较普遍。

当三相负荷不平衡或只有单相用电设备时，PEN线上有正常负荷电流流过，在PEN线上产生的压降呈现在用电设备外壳上，使其带电位，对地呈现电压。正常工作时，这种电压视情况为几伏到几十伏，低于安全电压50 V，但当发生PEN线断路或相对地短路故障时，对地电压大于安全电压，会使触电危险加大。同时，同一系统内PEN线是相通的，故障电压会沿PEN线传至其他未发生故障处，可能会引起新的电气故障。另外，由于该系统全部用PEN线做设备接地，故无法实现电气隔离，不能保证电气检修人员的人身安全，故在国际上基本不被采用，已名存实亡。

（2）TN-S系统。

整个系统的中性线与保护线是分开的，称为TN-S系统，如图1-7所示。这种系统的优点在于PE线在正常情况下不通过负荷电流，它只在发生接地故障时才带电位，不会对接地PE线上其他设备产生电磁干扰，所以这种系统适用于数据处理、精密检测装置等。此外，这种系统在N线断线时也不会影响PE线上设备的防止间接触电安全，多用于环境条件较差、对安全可靠性要求较高及设备对电磁干扰要求较严的场所。但是这种系统不能解决对地故障电压蔓延和相对地短路引起中性点电位升高等问题。

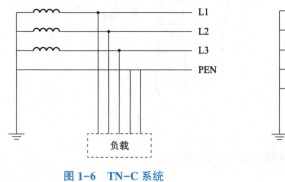

图1-6　TN-C系统

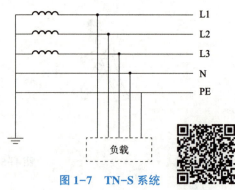

图1-7　TN-S系统

电气柜保护体的连接

（3）TN-C-S系统。

系统中的中性线与保护线先是合一的，然后又分开，称为TN-C-S系统，如图1-8所示。PEN线分成PE线和N线后，则不能再与PE线合并或互换，否则它们就是TN-C系统。

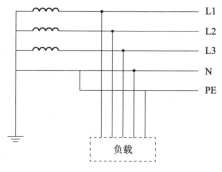

图 1-8　TN-C-S 系统

这种系统兼有 TN-C 系统和 TN-S 系统的特点，电源线路结构简单，又保证了一定的安全水平，常用于配电系统末端环境条件较差或有数据处理等设备的场所。因 PE 线带有前端 PEN 线上某种程度的电压，这样设备外壳就带上了电压，故人体接触后就有被电击的可能。

2）TT 系统

TT 系统的电源端有一个直接接地点，也引出 N 线，属三相四线制系统，如图 1-9 所示。系统中用电设备外壳与地做直接的电气连接，故又称保护接地。这种系统没有接地点与电源端接地点，由于其所有设备的外壳是经各自的 PE 线分别直接接地的，各自的 PE 线间无电磁联系，因此也适用于对数据处理、精密检测装置等供电，这样就杜绝了危险故障电压沿 PE 线传到其他未发生故障处的风险。

3）IT 系统

IT 系统的电源中性点不接地或经阻抗（约 1 000 Ω）接地且通常不引出 N 线，该系统是三相三线制系统，习惯称为不接地系统，如图 1-10 所示。系统中的用电设备外壳与地做直接的电气连接，即用电设备外壳经各自的 PE 线直接接地，PE 线间无电磁联系，适用于对数据处理、精密检测装置等供电。当发生单相接地故障时，所有三相用电设备仍可暂时继续运行，另两相对地电压将由相电压升高到线电压。当接地电流大于发生电弧的最小燃弧电流时，会对用电设备造成火灾等危险，人触及会造成人身事故。因此对 IT 系统来说，应装绝缘监察装置，以此来达到保护设备和人身安全的目的。

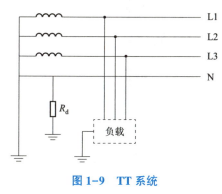

图 1-9　TT 系统

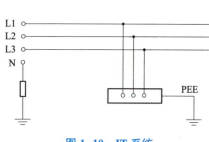

图 1-10　IT 系统

4. 工作场所的安全标志

在事故预防规范中，企业或培训中心有义务指明所有工作场地的危险及现有的安全设施责任。安全标志是提醒人员注意或按标志上注明的要求去执行，保障人身和设施安全的重要标志，一般设置在光线充足、醒目和稍高于视线的地方。电气安全常见标识见表1-4。

彩图

表1-4　电气安全常见标识

标识类型	标识	含义	标识类型	标识	含义
指示标识		戴防护眼镜	警示标识		当心触电
		戴防护耳塞			当心表面高温
		穿防护鞋			当心伤手
		戴防护帽			当心机械伤手
		必须戴防护手套			当心夹手
禁止标识		禁止烟火			注意安全
		非工作人员禁止入内			当心腐蚀
		禁止攀登	救生标识		急救
		禁止合闸			指示
		禁止通行			急救电话
		禁止靠近			紧急出口
		禁止触摸			
		禁止未经授权的访问			

5. 电气维修的安全步骤

DIN VDE 0105 中明确了 5 条安全规则，这些规则保证了电气设备工作的安全性。当在电气设备旁边工作时，在作业前必须确保设备已断电，且处于安全状态，须按照下列 5 条安全规则（步骤）进行操作。

1）拉下电闸

在照明设备中，很多是采用单极断电的形式。尽管已经切断了工作场所的电流回路，但还存在对地电压，为了安全起见，除断掉电线开关电闸外，还须拔掉所有连通到设备电路的保护装置。对于带有电容的电路，必须确保断电后，用合适的辅助工具或内置电阻对电容进行放电处理，电容电压必须在 1 min 内降至 50 V 以下。

2）确保不要重合闸

开关箱以及位于工作场所附近的开关须设有禁止标牌 A（禁止合网），并注明工作地点以及监管员的姓名。设备电路同路中的部件，如保护装置和开关，在断电后须可靠地进行检查，以防止重合闸。

3）无电确认

断电之后，可以通过测试确认设备是否真正无电，这样可避免因保护装置、开关或开关箱混淆引起误操作。为了确认无电，必须检测每个电极，检测时要使用符合电气检测标准的检测仪器进行，通常只允许具有电气从业资格的技术人员或电气专业人员来进行检测。

4）地线及接地

接地装置及接地须布置在工作场所的明显位置，如果因技术原因无法实现，则应在工作场所附近接好地线。由于地线及接地装置在很多情况下有大的短路电流，因此一定要特别注意设备接地部分的可靠连接。对于额定电压达到 1 000 V、带有架空电线的设备，如果已经严格履行了前 3 个步骤，则允许放弃接地装置。

5）遮盖附件带电部分并加护栏

出于安全考虑或避免产生经济损失，某些设备不允许断电。如果在工作场所有这样的通电设备，则应绝缘覆盖并确保工作时身体或工具不会接触到这些设备。对于低压带电设备，可以用橡胶布或者塑料薄膜、盖板来覆盖，这些材料必须具备足够的绝缘和抗冲击力，且在固定盖板时须注意防止磨损及滑落。

在工作场所，只有严格执行了上述 5 条安全步骤后，才能在设备管理人员的引导下重新通电运行。

取消安全措施的步骤必须与上述安全步骤顺序相反。

学习任务 1.3 5S 管理规范

1. 培训中心安全规范

（1）进入培训中心，必须穿着工作服、工作裤、安全鞋，否则不得进入培训中心；长发必须置于安全帽内；操作旋转类机床或围观时，必须佩戴安全眼镜。

（2）严禁佩戴手套、手表、手链、戒指、项链等饰品和胸卡，以免物品缠绕或卷入机器中发生危险。

（3）必须学习并熟记机床安全操作规程、机床使用说明书和机床操作作业指导书，未经培训，严禁擅自使用机床。

（4）在车间无指导老师的情况下，严禁使用机床；加班时必须有两人以上时方可操作机床；严禁多人同时操作一台机床。

（5）严禁独自攀爬设备、工作台、材料架等，严禁倚靠机床、桥架等，严禁将压缩空气枪对着人。

（6）操作设备过程中，如有警报或异常现象等，必须立即停机并报告指导老师。

2. 培训中心行为规范

（1）严禁将食物带入车间，茶水杯必须放到指定位置，违者不得进入培训中心学习。

（2）培训车间内（办公室除外），手机要做到不拿出、不使用，违反者当天手机由培训教师代为保管。

（3）保持区域环境整洁和物品归位，严禁随地吐痰、乱扔垃圾。

（4）培训车间区域内（包含卫生间）不允许抽烟，抽烟必须到吸烟亭内抽。

（5）严禁在培训中心大声喧哗或嬉戏打闹，以免影响他人。

（6）培训中，工、量、刃具必须按照规定位置摆放，禁止乱摆乱放；个人物品必须统一放置在衣柜中，或在规定区域内摆放整齐。

（7）设备使用前，必须对机床进行点检，合格后方能使用。

（8）每次实习结束后必须按照 5S 规范整理到位，并按照设备保养要求做好设备维护保养工作，并做好相应记录。

（9）实习中对所用仪器、设备、工具、量具等应注意维护保养和妥善保管，若有损坏或丢失，则酌情按价赔偿。

（10）按要求填写实训手册或者培训日志。

3. 安全指导证明

学员在独立完成任务时，为了保护学员在启动/调试、故障寻找及在带电设备和工作器件上测量时免受电击，每位学员在实施任务之前要由指导老师进行作业危险安全指导，可以用企业内部的表格或表 1-5 记录安全指导，安全指导证明有效期为 6 个月。

表 1-5　安全指导证明

工作任务 安全指导证明	姓名：	表××
	考号：	日期：

1. 概述

为了保护考生在启动/调试、故障寻找和带电设备与工作器件上测量时免受电击，每位考生在考试开始之前要做相关危险工作安全指导教育。安全指导证明有效期为 6 个月。

2. 安全指导内容

（1）本次实操考试时间为 6 小时，如果出现身体不适，请告知考官。　□

（2）穿戴符合要求的劳保用品、工作服，严禁佩戴金属饰品，如手链、戒指等。　□

（3）长发考生必须将头发束到防护帽内。	☐
（4）未经允许，不得私自接通电源、气源。	☐
（5）工作过程中注意安全，包括触电的危险、机械伤害的危险及使用工具的危险等。	☐
（6）工作过程中严格遵守 6S 管理，做好环保工作。	☐
其他：	☐

签字确认：我已经为考生作了在电气设备和工作器件上工作的安全指导教育，并且此考生已经在实践中证明他具备了相关安全操作能力。

————————
日期

————————
指导教师签名/盖章

签字确认：我已经知道了有关安全操作规定，受到了有关在电气设备和器件上工作的安全操作指导教育。我将注意和遵守这些规定。

————————
日期

————————
考生签名

任务工单部分

任务工单 1.1　AHK 机电一体化专业技术工学习领域

【任务介绍】

班级：	组别：	姓名：	日期：
工作任务	AHK 机电一体化专业技术工学习领域		分数：

任务描述：

快速了解 AHK 机电一体化专业技术工学习领域 3 的目标及要求。

AHK 2023

Z e r t i f i k a t
证　书

Herr | Frau
姓名

geboren am
出生日期

<u>Personalausweis Nr. 身份证号码</u>

Berufsschule 所在学校

hat in der Zeit vom　　　　　bis　　　　　an der　jährigen deutschen dualen Ausbildung und Abschlussprüfung im Ausbildungsberuf Mechatronik erfolgreich teilgenommen.

在　　年　月　日至　　年　月　　日期间，参加了为期　年的德国双元制职业技术培训，并且合格通过机电一体化专业的毕业考试。

Mit der erfolgreichen Abschlussprüfung ist der Absolvent berechtigt, den Titel

<u>**Mechatroniker/-in**</u> zu tragen.

经考核，现授予机电一体化专业技术工头衔。

Die Ausbildung und Prüfungen wurden in Abstimmung mit AHK und in Anlehnung an die in der Bundesrepublik Deutschland geltenden Vorschriften zum oben genannten Ausbildungsberuf durchgeführt. Die Ausbildungsinhalte wurden in den Bereichen, in denen es erforderlich war, auf das chinesische Wirtschaftssystem abgestimmt. Ausbildung und Prüfung erfolgten in chinesischer Sprache.

本专业的学习和考核是在与德国海外商会联盟的协定下，依照德国对上述职业的职业培训课程进行的。部分培训的内容作了适合中国职业教育体制的必要调整，学习和考试是在中文的语言环境下进行的。

Prüfungsgesamtergebnis
考核总成绩

Punkte (von Hundert)
得分（100 分为满分）

Datum, 日期

序号	任务内容	是否完成
1	了解机电一体化专业技术工 13 个学习领域	
2	了解学习领域 3 的电气控制要求	

【任务分析】

　　1. 德国认证的职业培训工种分布在哪六个大类里面？

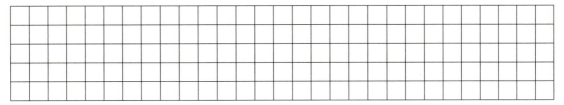

　　2. 学校依据什么制定学校的教学大纲？

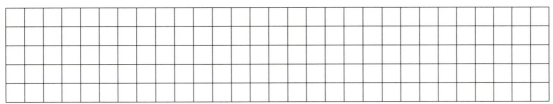

　　3. 机电一体化专业技术工的 13 个学习领域分别是什么？

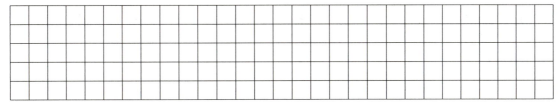

【任务准备】

　　1. 准备机电一体化专业技术工学习领域表。

　　2. 准备学习领域 3 的内容。

【任务实施】

　　描述学习领域 3 的学习目标。

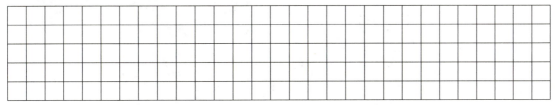

【心得收获】

　　1. 本次任务新接触的内容描述。

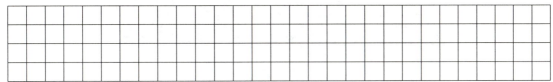

　　2. 总结在任务实施中遇到的困难及解决措施。

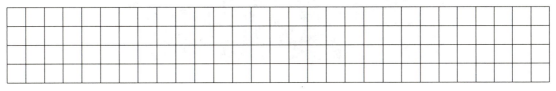

3. 综合评价自己的得失，总结成长的经验和教训。

【拓展强化】

查阅与电气控制相关的其他学习领域内容。

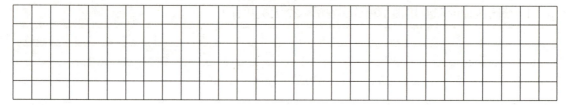

任务工单 1.2　AHK 机电一体化专业技术工考试电气控制要求

【任务介绍】

班级：		组别：		姓名：		日期：	
工作任务		认识安全用电标识、学会安全操作				分数：	

任务描述：

（1）根据交流电对成人的影响曲线，判断触电后身体反应。

（2）能识别安全用电的标识。

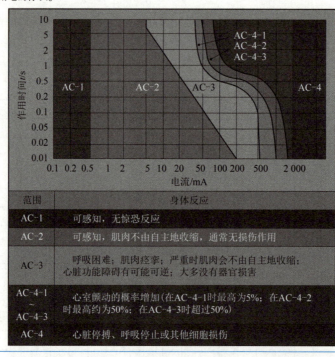

交流电对成人的
影响曲线（彩色）

范围	身体反应
AC-1	可感知，无惊恐反应
AC-2	可感知，肌肉不由自主地收缩，通常无损伤作用
AC-3	呼吸困难；肌肉痉挛；严重时肌肉会不由自主地收缩；心脏功能障碍有可能逆；大多没有器官损害
AC-4-1 ~ AC-4-3	心室颤动的概率增加（在AC-4-1时最高为5%；在AC-4-2时最高约为50%；在AC-4-3时超过50%）
AC-4	心脏停搏、呼吸停止或其他细胞损伤

序号	任务内容	是否完成
1	计算触电后的电流	
2	认识安全标识	
3	学会电气规范操作步骤	

【任务分析】

1. 手指感知的电流是多少？

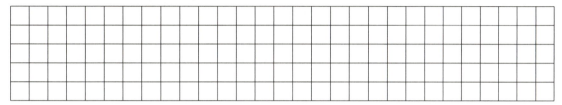

2. 当通过身体的电流强度超过多少时，常常容易触电致死？

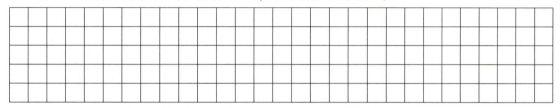

3. 当遇到低压设备电流事故时，请列出至少 3 条处理措施。

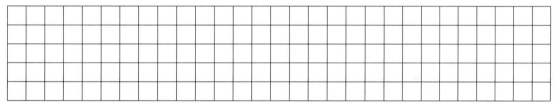

【任务准备】

1. 准备机电一体化图标手册，查阅交流电对成人的影响范围。

2. 准备电气安全常见标识符号表。

【任务实施】

1. 请根据图示选出名称按从左到右排列顺序正确的答案（   ）。

A. 警告标志–逃生标志–禁止标志–指示标志

B. 逃生标志–禁止标志–警告标志–指示标志

C. 禁止标志–警告标志–指示标志–逃生标志

D. 指示标志–提示标志–禁止标志–警告标志

E. 警告标志–指示标志–逃生标志–禁止标志

2. 要求在一台打印与折边合二为一的机器边设一个警告牌，牌上有"伤手危险！"提

示。请问下面（旁边）哪一个图标适合使用？（　　）

A　　　　　B　　　　　C　　　　　D　　　　　E

3. 根据 DIN VDE 0100 标准，下图所示是哪种配电系统？（　　）

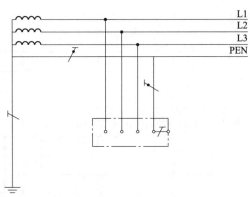

A. TT-系统　　　　　B. IT-系统　　　　　C. TN-S-系统　　　　D. TN-C-系统

E. TN-C-S-系统

4. 在一个故障电路中，测量到以下参数值：$R_F = 70\ \Omega$，$R_{St} = 7\,000\ \Omega$，$R_K = 1\,000\ \Omega$，请计算确定故障电流 I_F（单位 A）。

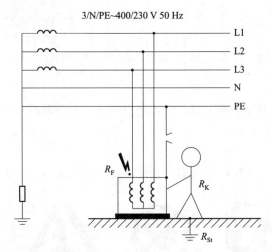

R_{St}=站立地点电阻

R_K=人体电阻

R_F=人体电阻+故障电阻

（1）$I_F = 0.002\,85$ A

（2）$I_F = 0.028\,5$ A

（3）$I_F = 0.285$ A

（4）$I_F = 2.85$ A

（5）$I_F = 28.5$ A

5. 已知设备的电气部分出现错误。

（1）专业、准确地说出故障的类型。

（2）计算出故障电流 I_F（单位：A）。

电阻值：$R = 950\ \Omega$，$R_B = 4\ \Omega$，$R_S = 750\ \Omega$。

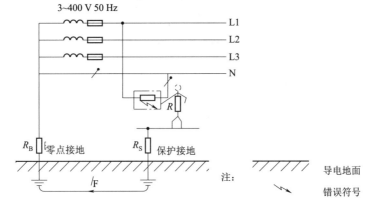

（3）根据 DIN VDE 0140-479-1，130 mA 的故障电流 I_F 穿过人体 2 s，对人体的生理影响是什么？

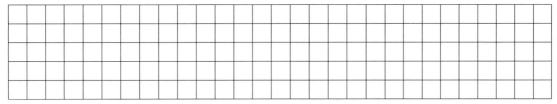

6. 下图所示是一个控制柜照明的简化电路图。

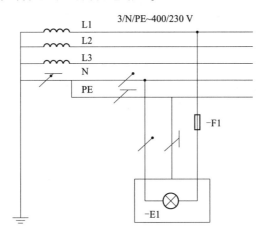

（1）请问这里针对漏电保护（间接接触保护）采取的是什么保护措施？

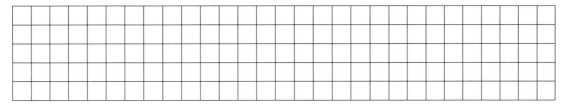

（2）请写出灯的防护等级并将此防护等级符号画入电路图中。

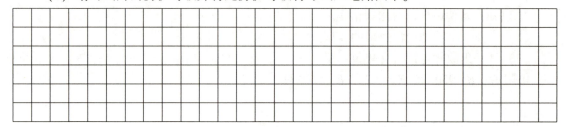

（3）请在下面电路图中画出机壳接地并描出因此产生的漏电电流回路，然后根据此简图解释保护措施的功能。

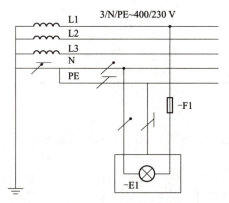

3/N/PE~400/230 V

L1
L2
L3
N
PE

-F1

-E1

【心得收获】

1. 本次任务新接触的内容描述。

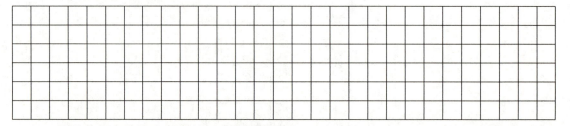

2. 总结在任务实施中遇到的困难及解决措施。

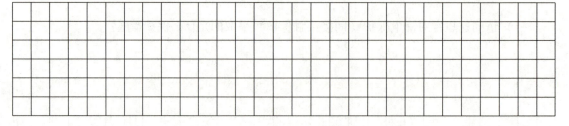

3. 综合评价自己的得失，总结成长的经验和教训。

【拓展强化】

在几个电气设备装置上有如图所示的标识，其含义分别是什么？

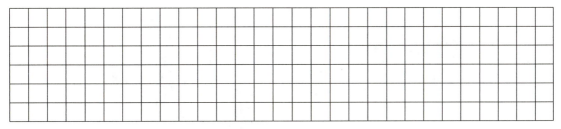

项目2　三相异步电动机连续运行控制电路的装调

✂

项目介绍

某弹簧厂车间安装了一台新设备，设备运行需要冷却水才能正常工作，如图2-1所示，冷却塔、循环水泵及管路部分已经安装完成，现在需要安装循环水泵控制电路并完成功能调试。

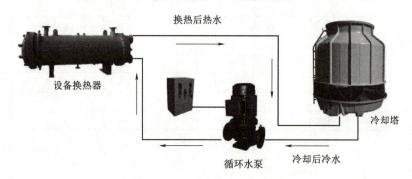

换热后热水

设备换热器

循环水泵

冷却后冷水

冷却塔

图2-1　某厂循环水冷却系统

学有所获

知识目标

（1）掌握电动机连续运行的控制原理。

（2）掌握电动机连续运行控制电气图的识读。

（3）了解常用电工工具的使用规范。

能力目标

（1）能熟练使用常用电工工具。

（2）能熟练对电动机的连续控制进行设计、安装与调试。

（3）能够解决电动机连续运行接线中出现的故障。

素养目标

（1）树立任务执行过程中的沟通意识。

（2）培养任务协作中的团队合作能力。

（3）增强项目信息检索与查阅能力。

学习任务2.1 低压电气元件的选型

1. 低压断路器

断路器（Circuit Breaker）（见图 2-2）是指在规定的正常电路条件下能接通、承载以及分断电流，也能在规定的非正常电路条件下（例如：短路）接通、承载一定时间和分断电流的开关电器。

图 2-2 断路器

常见低压电气
元件的讲解

断路器按其使用范围分为高压断路器与低压断路器。低压断路器（空气开关）可用来分配电能、不频繁地启动异步电动机，以及对电源线路和电动机等实行保护，当它们发生严重的过载或者短路及欠压等故障时，能自动切断电路，其功能相当于熔断式开关与热继电器等的组合，而且在分断故障电流后，一般不需要变更零部件。目前，断路器已获得了广泛的应用。

空气开关上的 D 与 C 表示的是脱扣曲线类型，即 D 曲线和 C 曲线，它们的不同点是 D 一般用在动力电上，C 常用在照明电上，相同额定电流的空气开关，D 曲线的短路跳闸电流比 C 曲线的短路跳闸电流要大。

1）断路器的符号

断路器的符号如图 2-3 所示。

2）断路器的选型

在断路器选型时，断路器的额定电压应高于线路的额定电压，额定电流和热脱扣器的整定电流应等于或大于电路中负载的额定电流之和。

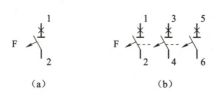

图 2-3 断路器的符号

(a) 单极断路器；(b) 三极断路器

断路器符号（国标）

（1）控制照明电路时，电磁脱扣器的整定电流应为负载额定电流的 1.2 倍。

（2）用于电动机保护时，电磁脱扣器整定电流应为电动机额定电流的 1.35~1.7 倍。

（3）做多台电动机短路保护时，电磁脱扣器整定电流为容量最大的一台电动机额定电流的 1.35 倍加上其余电动机额定电流之和。

2. 熔断器

熔断器（Fuse）（见图 2-4）是指当电流超过规定值时，以本身产生的热量使熔体熔断，从而断开电路的一种电器。熔断器广泛应用于高低压配电系统和控制系统以及用电设备中，作为短路和过电流的保护器，是应用最普遍的保护装置。

图 2-4 熔断器

1）熔断器的符号

熔断器符号如图 2-5 所示。

图 2-5 熔断器符号

熔断器符号（国标）

2）熔断器的结构及原理

熔断器是一种过电流保护电器。熔断器主要由熔体和熔管两部分及外加填料等组成。使用时，将熔断器串联于被保护电路中，当被保护电路的电流超过规定值，并经过一定时间后，由熔体自身产生的热量熔断熔体，使电路断开，起到保护的作用。当过载或短路电流通过熔体时，熔体自身将发热而熔断，从而对电力系统、各种电工设备及家用电器起到保护作用。熔断器还具有反时延特性，即当过载电流小时，熔断时间长；过载电流大时，熔断时间短。

3）熔断器的选型

（1）照明电路选用熔断器额定电流≥被保护电路上所有照明电器工作电流之和。

（2）电动机电路选用。

①单台直接启动电动机熔断器额定电流=（1.5~2.5）×电动机额定电流。

②多台直接启动电动机熔断器额定电流=（1.5~2.5）×最大电动机额定电流+其余各台电动机电流之和。降压启动电动机熔断器额定电流=（1.5~2）×电动机额定电流。

③配电变压器低压侧熔断器额定电流=（1.0~1.5）×变压器低压侧额定电流。

④并联电容器组熔断器额定电流=（1.43~1.55）×电容器组额定电流。

⑤电焊机熔断器额定电流=（1.5~2.5）×负荷电流。

⑥电子整流元件熔断器额定电流≥1.57×整流元件额定电流。

⑦所用熔断器的额定电压要大于所在电路的电压。

3. 按钮

按钮开关（Push-button Switch）是指利用按钮推动传动机构，使动触点与静触点接通或断开来实现电路转换的开关。按钮开关是一种结构简单、应用十分广泛的主令电器，在电气自动控制电路中用于手动发出控制信号，以控制接触器、继电器、电磁启动器等。按钮的触点可分为常闭（Normally Closed，NC）触点与常开（Normally Open，NO）触点两种，如图2-6所示。

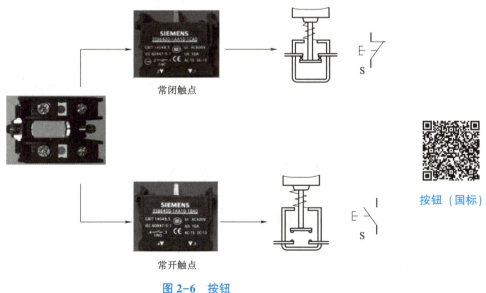

按钮（国标）

图 2-6　按钮

1）按钮的符号（见图 2-7）

图 2-7　按钮符号

按钮符号（国标）

2）按钮的选型

《GB 5226.1—2019 机械电气安全机械电气设备第 1 部分：通用技术条件》中"10.2.1"对操动器（按钮）的颜色有以下要求：

（1）启动/接通操动器的颜色应为白、灰、黑或绿色，优选白色，不允许用红色。

（2）急停和紧急断开操动器（包括电源切断开关，它预期用于紧急情况）应使用红色，最接近操动器周围的衬托色则应为黄色，红色操动器与黄色衬托色的组合应只用于紧急操作装置。

（3）停止/断开操动器应使用黑、灰或白色，优先用黑色，不允许用绿色；允许选用红色，但靠近紧急操作器件不宜使用红色。

（4）作为启动/接通与停止/断开交替操作的操动器的优选颜色为白、灰或黑色，不允许用红、黄或绿色。对于按动它们即引起运转，而松开它们则停止运转（如保持-运转）的操动器，其优选颜色为白、灰或黑色，不允许用红、黄或绿色。

（5）复位按钮应为蓝、白、灰或黑色。如果它们还用作停止/断开按钮，则最好使用白、灰或黑色，优先选用黑色，但不允许用绿色。

（6）黄色供异常条件使用，例如：在异常加工情况或自动循环中断事件中使用黄色。

（7）对于不同功能而使用相同颜色，如白、灰或黑（如启动/接通和停止/断开操动器都用白色）的场合，应使用辅助编码方法（如形状、位置、符号），以识别按钮操动器。

4. 接触器

接触器（Contactor）指电流流经接触器线圈后，将产生感应磁场，磁场使动、静铁芯吸合进而带动触点闭合或断开的电气控制装置，如图 2-8 所示。因其可频繁地接通、切断大电流控制电路，所以常用于电动机的控制系统，是自动控制系统中的重要元件之一。接触器按主触点连接回路的形式分为交流接触器和直流接触器，可应用于电力、配电与电动机控制等场合。接触器广义上是指利用线圈流过电流产生磁场，使触点闭合，以达到控制负载的电器。

图 2-8　接触器

1）接触器的符号（见图 2-9）

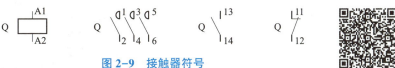

图 2-9　接触器符号

接触器符号（国标）

2）接触器的结构及工作原理

当接触器线圈得电后，线圈电流会产生磁场，产生的磁场使静铁芯产生电磁吸力以吸引动铁芯，并带动交流接触器触点动作（常闭触点断开，常开触点闭合）。当线圈断电时，电磁吸力消失，衔铁在释放弹簧的作用下释放，使触点复位，常开触点断开，常闭触点闭合。接触器的结构及工作原理如图 2-10 所示。

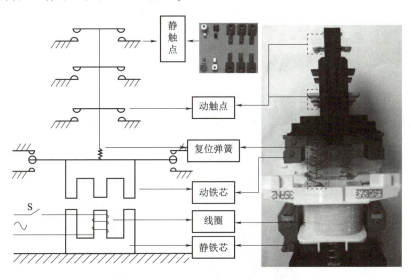

图 2-10　接触器的结构及工作原理

3）接触器的组成（见图 2-11）

4）接触器的选型

（1）接触器的类型：根据电路中负载电流的种类选择。交流负载应选用交流接触器；直流负载应选用直流接触器；如果控制系统中主要是交流负载，直流电动机或直流负载的容量较小，也可都选用交流接触器来控制，但触点的额定电流应选得大一些。

（2）接触器主触点的额定电压：应等于或大于负载的额定电压。

（3）接触器主触点的额定电流：被选用接触器主触点的额定电流应不小于负载电路的额定电流；也可根据所控制的电动机最大功率进行选择。如果接触器被用于控制电动机的频繁启动、正/反转或反接制动等场合，则应将接触器的主触点额定电流降低使用，一般可降低一个等级。

（4）根据控制电路要求确定吸引线圈工作电压和辅助触点容量：如果控制线路比较简单，所用接触器的数量较少，则交流接触器线圈的额定电压一般直接选用 380 V 或 220 V；如果控制线路比较复杂，使用的电器又比较多，为了安全起见，线圈的额定电压可选低一些。

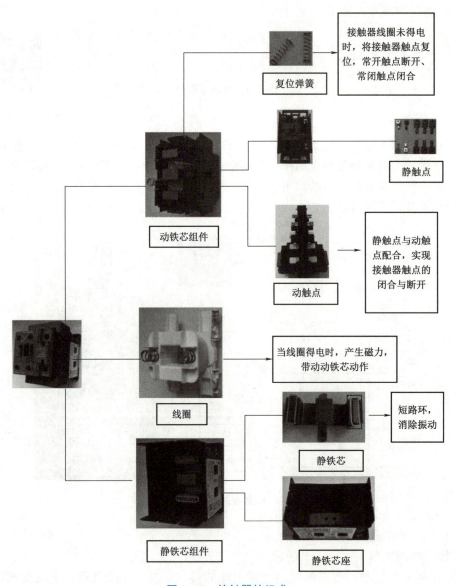

接触器线圈未得电时，将接触器触点复位，常开触点断开、常闭触点闭合

复位弹簧

静触点

动铁芯组件

静触点与动触点配合，实现接触器触点的闭合与断开

动触点

当线圈得电时，产生磁力，带动动铁芯动作

线圈

短路环，消除振动

静铁芯

静铁芯组件

静铁芯座

图 2-11　接触器的组成

对于西门子品牌的选型，可参考《SIRIUS（国产）控制与保护产品 产品目录 2020》中接触器部分。

5. 热继电器

热继电器（Thermal Relay）是用于电动机或其他电气设备电气线路过载保护的保护电器。

热继电器就是利用电流的热效应原理，在出现电动机不能承受的过载时切断电动机电路，为电动机提供过载保护的电器。热继电器可以根据过载电流的大小自动调整动作时间，具有反时限保护特性，即过载电流大，动作时间短；过载电流小，动作时间长；而当电动机的工作电流为额定电流时，热继电器长期不动作。

1）热继电器的外形结构及符号

热继电器的外形结构如图2-12所示，其文字符号国标为FR，德标为F。

图2-12　热继电器

2）热继电器的组成（见图2-13）

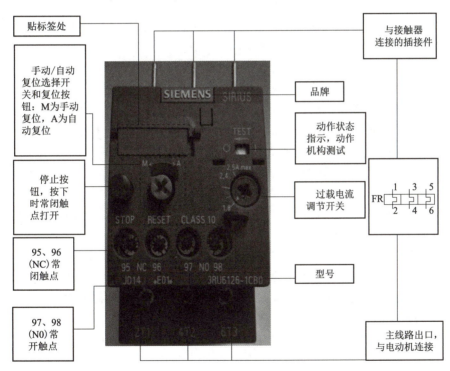

图2-13　热继电器的组成

3）热继电器的工作原理

对于热继电器，流入热元件的电流产生热量，使有不同膨胀系数的双金属片发生形变，当形变达到一定距离时，会推动连杆动作，使控制电路断开，从而使接触器失电，主电路断开，实现电动机的过载保护。

使用热继电器对电动机进行过载保护时，将热元件与电动机的定子绕组串联，将热继电器的常闭触头串联在交流接触器电磁线圈的控制电路中，并调节整定电流调节旋钮，使人字形拨杆与推杆相距适当距离。当电动机正常工作时，通过热元件的电流（即电动机的额定电流）使热元件发热，双金属片受热后弯曲，使推杆刚好与人字形拨杆接触，而又不能推动人字形拨杆，常闭触点处于闭合状态，交流接触器保持吸合，电动机正常运行。

若电动机出现过载情况，则绕组中电流增大，通过热继电器元件中的电流增大，使双金属片温度升得更高，弯曲程度加大，推动人字形拨杆，人字形拨杆推动常闭触点断开，进而切断交流接触器的线圈电路，使接触器释放，切断电动机的电源，电动机停止运行。

4）热继电器的符号（见图2-14）

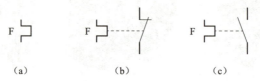

图2-14　热继电器的符号

（a）发热元件；（b）常闭触点；（c）常开触点

热继电器的符号（国标）

5）热继电器选型

热继电器的选择主要以电动机的额定电流为依据，同时也要考虑到电动机的负载、动作特性和工作环境等因素。具体选型时应考虑以下几点：

（1）原则上热继电器额定电流按照电动机额定电流的90%~110%选择，并要校验动作特性。但是要注意电动机的绝缘材料等级，不同的绝缘材料有不同的允许温度和过载能力。

（2）要保证热继电器在电动机的正常启动过程中不会误动作。如果电动机启动不频繁，且启动时间又不长，一般可按电动机的额定电流选择热继电器，按照启动时间长短确定CLASS 10/20的等级（IEC947-4-1标准指定：在当前电流为整定电流的7.2倍时，CLASS 10级的动作时间为4~10 s，CLASS 20级的动作时间为6~20 s）；如果启动时间超长，则不宜采用热继电器，而应选用电子过流继电器产品。

（3）由于热继电器具有热惯性，不能做短路保护，故应考虑与断路器或熔断器短路保护相配合的问题。

（4）要注意电动机的工作制，如果操作频率高，则不宜采用热继电器进行保护，应采取其他保护措施，例如在电动机中预埋热电阻、热电偶测温，进而实现温度保护。

（5）要注意热继电器的正常工作温度，热继电器正常工作时的温度为-15~55 ℃，超过范围后，环境温度补偿失效，有可能存在热继电器误动作或不动作的现象。

（6）热继电器安装时端子接线要牢靠，导线截面的选型要在额定电流范围内，否则导线的温升会提高双金属片的温度，造成热继电器的误动作。

选型可参考《SIRIUS（国产）控制与保护产品 产品目录2020》。

学习任务2.2　低压电气图的识读

1. 自锁

自锁（Self-lock）指交流接触器通过自身的常开辅助触点使线圈总是处于得电状态的现

象，这个常开辅助触点称为自锁触点。在接触器线圈得电后，利用自身的常开辅助触点保持回路的接通状态，其一般是对自身回路进行控制。如把常开辅助触点与启动按钮并联，则当启动按钮被按下时，接触器动作，常开辅助触点闭合，进行状态的保持，此时再松开启动按钮接触器也不会失电断开。

控制电路中实现自锁的电气原理图如图 2-15 所示。

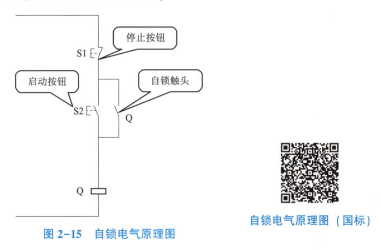

图 2-15　自锁电气原理图

按下启动按钮 S2 后，接触器 Q 线圈通电，接触器 Q 辅助常开触点闭合；当松开启动按钮 S2 后，接触器 Q 的线圈通过其辅助常开触点的闭合仍继续保持通电。这种依靠接触器自身辅助常开触点的闭合而使线圈保持通电的控制方式，称自锁或自保，起到自锁作用的辅助常开触点称自锁触点。

自锁的作用主要体现在以下两个方面：

1）欠压保护

当电源电压由于某种原因下降时，电动机的转矩将显著降低，影响电动机正常运行，严重时会引起"堵转"现象，以致损坏电动机。采用接触器自锁控制电路即可避免上述故障，因为当电源电压低于接触器线圈额定电压 85% 时，接触器电磁系统所产生的电磁力克服不了弹簧的反作用力，因而释放，主触点打开，自动切断主电路，从而达到欠压保护的作用。

2）失压保护

电动机启动后，由于外界原因突然断电，但随后又恢复供电，这种情况下自锁触点因断电而断开，控制电路不会自行接通，电动机不会自行启动，必须重新发令（按启动按钮）才能重新启动，这样可避免事故的发生，起到失压保护的作用。

2. 电气原理图的识读

任何复杂的电气控制线路都是按照一定的控制原则，由基本的控制线路组成的。生产机械电气控制线路常用电气原理图、电气安装接线图和电气元件布置图来表示。

1）电气原理图

电气原理图是根据生产机械运动形式对电气控制系统的要求，采用国家统一规定的电气图形符号和文字符号，按照电气设备和电器的工作顺序，详细表示电路、设备或成套装置的全部基本组成和连接关系，而不考虑其实际位置的一种简图。电气原理图能充分表达电气设备和电器的用途、作用和工作原理，是电气线路安装、调试和维修的理论依据。

绘制、识读电气原理图时应遵循以下原则：

（1）电气原理图一般分电源电路、主电路和辅助电路三部分绘制。

①电源电路画成水平线，三相交流电源相序 L1、L2、L3 自上而下依次画出，中线 N 和保护地线 PE 依次画在相线之下。直流电源的"+"端画在上边，"-"端在下边画出。电源开关要水平画出。

②主电路是指电源向负载提供电能的电路，它是由主熔断器、接触器的主触点、热继电器的热元件以及电动机等组成。主电路通过的电流是电动机的工作电流，电流较大。主电路图要画在电气原理图的左侧并垂直电源电路。

③辅助电路一般包括控制主电路工作状态的控制电路、显示主电路工作状态的指示电路、提供机床设备局部照明的照明电路等。它是由主令电器的触点、接触器线圈及辅助触点、继电器线圈及触点、指示灯和照明灯等组成。辅助电路通过的电流都较小，一般不超过 5 A。画辅助电路图时，辅助电路要跨接在两相电源线之间，一般按照控制电路、照明电路和指示电路的顺序依次垂直画在主电路图的右侧，且电路中与下边电源线相连的耗能元件（如接触器和继电器的线圈、指示灯、照明灯等）要画在电气原理图的下方，而电器的触点要画在耗能元件与上边电源线之间。为读图方便，一般应按照自左至右、自上而下的排列来表示操作顺序。

（2）电气原理图中，各电器的触点位置都按电路未通电或电器未受外力作用时的常态位置画出。分析原理时，应从触点的常态位置出发。

（3）电气原理图中，一般不画各电气元件实际的外形图，而采用国家统一规定的电气图形符号画出。

（4）电气原理图中，同一电器的各元件不按它们的实际位置画在一起，而是按其在线路中所起的作用分别画在不同电路中，但它们的动作却是相互关联的，因此，必须标注相同的文字符号。当图中相同的电器较多时，需要在电器文字符号后面加注不同的数字，以示区别，如 Q1、Q2 等。

（5）画电气原理图时，应尽可能减少线条和避免线条交叉。对有直接电联系的交叉导线连接点，要用小黑圆点表示；无直接电联系的交叉导线，则不画小黑圆点。

2）电气元件布置图

电气元件布置图是根据电气元件在控制板上的实际安装位置，采用简化的外形符号（如正方形、矩形、圆形等）而绘制的一种简图，它不表达各电器的具体结构、作用、接线情况以及工作原理，主要用于电气元件的布置和安装，电气元件布置图中各电器的文字符号必须与电气原理图的标注相一致。某电路电气元件布置图示例如图 2-16 所示。

3）电气安装接线图

电气安装接线图是根据电气设备与电气元件的实际位置和安装情况绘制的，只用来表示电气设备和电气元件的位置、配线方式和接线方式，而不明显表示电气动作原理，主要用于安装接线及线路的检查维修和故障处理。

绘制、识读电气安装接线图应遵循以下原则：

（1）电气安装接线图中一般示出以下内容：电气设备和电气元件的相对位置、文字符号、端子号、导线号、导线类型、导线截面积、屏蔽和导线绞合等。

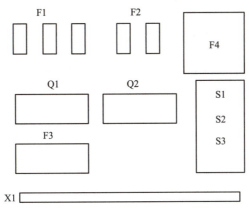

图 2-16　某电路电气元件布置图（国标符号）

（2）所有的电气设备和电气元件都按其所在的实际位置绘制在图纸上，且同一电器的各元件根据其实际结构，使用与电气原理图相同的图形符号画在一起，并用点画线框上，其文字符号以及接线端子的编号应与电气原理图中的标注一致，以便对照检查接线。

（3）电气安装接线图中的导线有单根导线、导线组（或线扎）、电缆等之分，可用连续线和中断线来表示。凡导线走向相同的可以合并，用线束来表示，到达接线端子板或电气元件的连接点时再分别画出。在用线束来表示导线组、电缆等时可用加粗的线条表示，在不引起误解的情况下也可采用部分加粗。另外，导线及管子的型号、根数和规格应标注清楚。某电路电气安装接线图示例如图 2-17 所示。在实际中，电气原理图、电气元件布置图和电气安装接线图要结合起来使用。

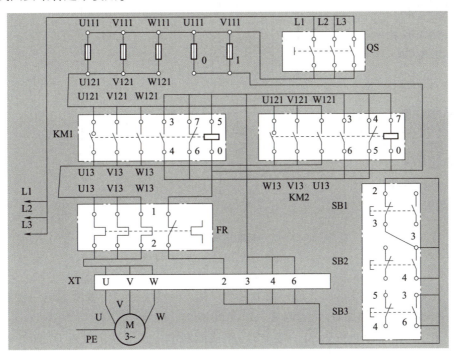

图 2-17　某电路电气安装接线图（国标符号）

电动机的连续运行电气原理图如图 2-18 所示（选用的是线圈额定电压为 220 V 的交流接触器）。

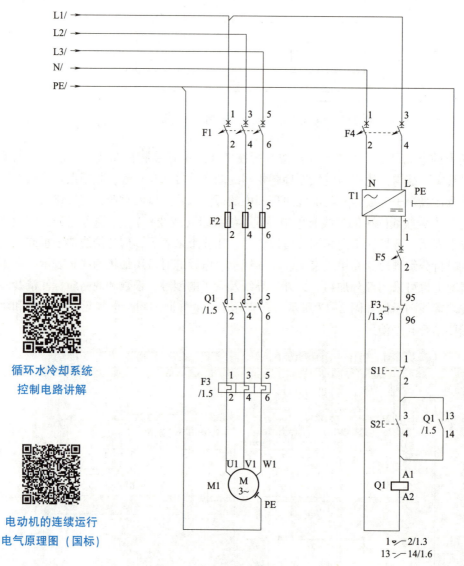

循环水冷却系统
控制电路讲解

电动机的连续运行
电气原理图（国标）

图 2-18　电动机的连续运行电气原理图

电动机的工作过程如下：

（1）启动：合上断路器 F1、F2→按下启动按钮 S2→接触器 Q1 线圈通电→接触器主触点 Q1 闭合，辅助常开触点 Q1 闭合自锁→电动机 M1 连续运转。

（2）停止：按下停止按钮 S1→接触器 Q1 线圈断电→接触器主触点 Q1 断开→电动机 M1 停转。

任务工单部分

任务工单 2.1 低压电气元件的选型

【任务介绍】

班级:	组别:	姓名:	日期:
工作任务		低压电气元件的选型	分数:

任务描述:

请根据控制要求,为冷却泵控制线路选择合适的元器件并做检查。

序号	任务内容	是否完成
1	接触器检查	
2	热继电器检查	
3	断路器检查	
4	工量具、元器件等现场 5S 管理	

【任务分析】

1. 热继电器的作用是（   ）。

（A）过载保护　　　　（B）短路保护　　　　　（C）失压保护　　　　　（D）零压保护

2. 有过载保护的接触器自锁控制电路中,实现欠压和失压保护的电器是（   ）。

（A）熔断器　　　　　　　　　　　　（B）继电器

（C）接触器　　　　　　　　　　　　（D）热继电器

3. 控制电路的停止按钮一般选用（   ）。

（A）黄色　　　　　（B）红色　　　　　（C）绿色　　　　　（D）黑色

【任务准备】

元器件工具检查表

序号	电气符号	数量	规格
1	万用表		
2	热继电器		
3	接触器		
4	断路器		
5	按钮		

【任务实施】

1. 检查接触器，将结果填入表中。

检查项目	万用表挡位选择	检查结果
外观检查		
活动组件检查		
线圈的电阻		
初始状态下，接触器主触点 1–2 间的电阻		
初始状态下，接触器主触点 3–4 间的电阻		
初始状态下，接触器主触点 5–6 间的电阻		
初始状态下，接触器主触点 13–14 间的电阻		
初始状态下，接触器主触点 21–22 间的电阻		
手动吸合时，接触器主触点 1–2 间的电阻		
手动吸合时，接触器主触点 3–4 间的电阻		
手动吸合时，接触器主触点 5–6 间的电阻		
手动吸合时，接触器主触点 13–14 间的电阻		
手动吸合时，接触器主触点 21–22 间的电阻		

2. 检查热继电器，将结果填入表中。

检查项目	万用表挡位选择	检查结果
外观检查		
NO 触点间的电阻		
NC 触点间的电阻		
主触点 1–2 间的电阻		
主触点 3–4 间的电阻		
主触点 5–6 间的电阻		

3. 检查断路器, 将结果填入表中。

检查项目	万用表挡位选择	检查结果
外观检查		
QF1 断路器断开时, 触点 1-2 间的电阻		
QF1 断路器断开时, 触点 3-4 间的电阻		
QF1 断路器断开时, 触点 5-6 间的电阻		
QF1 断路器闭合时, 触点 1-2 间的电阻		
QF1 断路器闭合时, 触点 3-4 间的电阻		
QF1 断路器闭合时, 触点 5-6 间的电阻		
QF2 断路器断开时, 触点 1-2 间的电阻		
QF2 断路器断开时, 触点 3-4 间的电阻		
QF2 断路器断开时, 触点 5-6 间的电阻		
QF2 断路器闭合时, 触点 1-2 间的电阻		
QF2 断路器闭合时, 触点 3-4 间的电阻		
QF2 断路器闭合时, 触点 5-6 间的电阻		

【心得收获】

1. 本次任务新接触的内容描述。

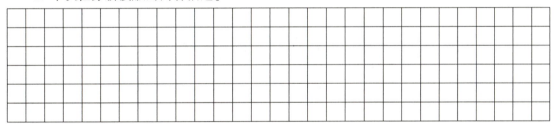

2. 总结在任务实施中遇到的困难及解决措施。

3. 综合评价自己的得失, 总结成长的经验和教训。

【拓展强化】

1. 拓展任务

查阅直流接触器的工作原理、符号及应用。

2. 习题强化

（1）热继电器主要用于电动机的（　　　）。

（A）短路保护　　　　　　　（B）过载保护　　　　　　　（C）欠压保护

（2）一般情况下，热继电器中热元件的整定电流为电动机额定电流的（　　　）倍。

（A）4~7　　　　　　　　　（B）0.95~1.05　　　　　　　（C）1.5~2

（3）具有过载保护的接触器自锁控制线路中，实现短路保护的电器是（　　　）。

（A）熔断器　　　　　　　　（B）热继电器　　　　　　　（C）接触器

（4）热继电器中主双金属片的弯曲主要是由于两种金属材料的（　　　）不同。

（A）机械强度　　　　　　　（B）导电能力　　　　　　　（C）热膨胀系数

（5）接触器的自锁触头是一对（　　　）。

（A）辅助常开触头　　　　　（B）辅助常闭触头　　　　　（C）主触头

任务工单2.2　电动机连续运行电路安装与调试

【任务介绍】

班级：		组别：	姓名：		日期：
工作任务		电动机连续运行电路安装与调试		分数：	
任务描述： 根据设备冷却系统控制要求，分析电气原理图，完成硬件安装与接线、电路调试。					
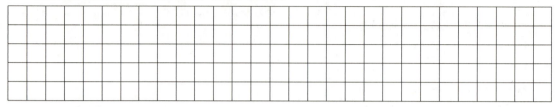					
序号	任务内容			是否完成	
1	任务分析（控制要求、输入信号和输出信号）				
2	分析电气原理图				

换热后热水

设备换热器

冷却塔

循环水泵　　冷却后冷水

序号	任务内容	是否完成
3	列出元器件清单	
4	安装与接线	
5	通电前检测	
6	电路调试与排故	
7	工量具、元器件等现场 5S 管理	

【任务分析】

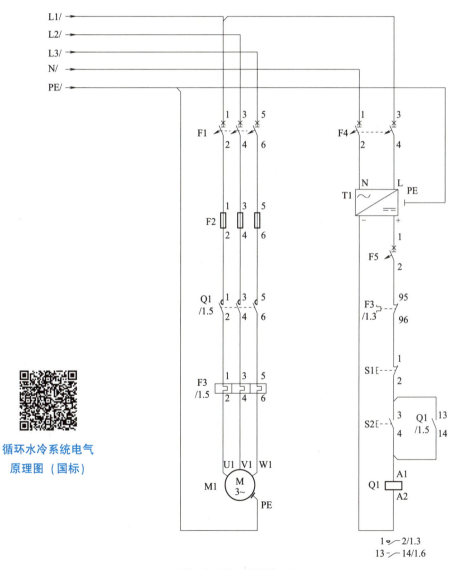

循环水冷系统电气
原理图（国标）

循环水冷却系统电气原理图

1. 描述设备冷却系统的电气原理图。

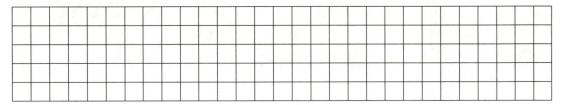

2. 电气原理图中设置了哪几种保护？请写出对应的符号、名称及保护作用。

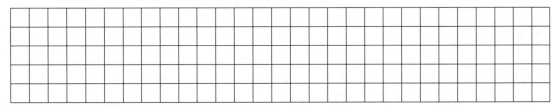

3. 自锁的原理是什么？

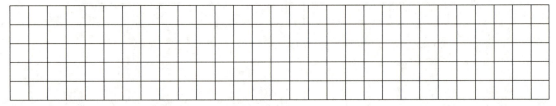

【任务准备】

1. 根据控制要求，绘制元器件布局图。

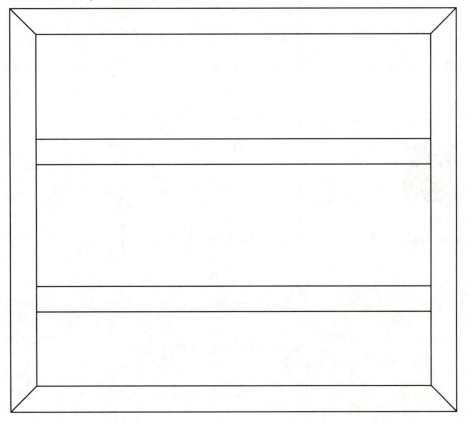

2. 根据电气原理图，绘制电气接线图。

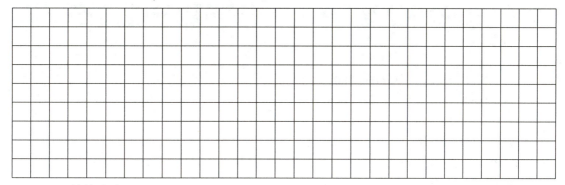

3. 工具检查表。

序号	名称	工具装调是否良好	损坏情况
1	剥线钳	是○　否○	
2	压线钳	是○　否○	
3	十字螺丝刀	是○　否○	
4	一字螺丝刀	是○　否○	
5	万用表	是○　否○	
6	测电笔	是○　否○	
7	活动扳手	是○　否○	
8	锉刀	是○　否○	
9	手工锯	是○　否○	

4. 元器件清单。

序号	元器件名称	数量	规格
1	断路器		
2	接触器		
3	热继电器		
4	按钮（绿）		
5	按钮（红）		
6	熔断器		
7	电动机		

【任务实施】

1. 电路安装。

具体的安装规则：先安装主电路，再安装控制电路，从上而下、从左到右依次安装。

2. 通电前检查。

测量项目（主回路）	万用表挡位选择	测量结果
L1 对地电阻测量		

测量项目（主回路）	万用表挡位选择	测量结果
L2 对地电阻测量		
L3 对地电阻测量		
相间短路测量，L1 与 L2 间的电阻测量		
相间短路测量，L1 与 L3 间的电阻测量		
相间短路测量，L2 与 L3 间的电阻测量		
相间短路测量，手动按下接触器 KM1 时 L1 与 L2 间的电阻测量		
相间短路测量，手动按下接触器 KM1 时 L1 与 L3 间的电阻测量		
相间短路测量，手动按下接触器 KM1 时 L2 与 L3 间的电阻测量		
L 对地电阻测量		
N 对地电阻测量		
初始状态下，控制回路电阻测量，L 与 N 之间的电阻测量		

【检查评估】

1. 目检

检查内容	评分标准	配分	得分
器件选型	行程开关、PLC 控制器、交流接触器、马达保护断路器选择不对，每项扣 4 分；空气开关、按钮、接线端子选择不对，每项扣 2 分	10	
导线连接	接点松动、接头露铜过长、压绝缘层，每处扣 2 分	10	
选线与布线	导线型号、截面积、颜色选择不正确，导线绝缘或线芯损伤，线号标识不清楚、遗漏或误标，布线不美观，每处扣 2 分	10	

2. 测量

检查内容	评分标准	配分	得分
接地保护线	PE 接点之间的电阻测量值与标准值的误差超过 ±5%，每处扣 2 分	10	
绝缘电阻	测量值没有达到无穷大，扣 6 分	6	
脱扣电流、脱扣时间	脱扣电流和脱扣时间的测量值不符合标准值，每种情况扣 2 分	4	

3. 通电试验

检查内容	评分标准	配分	得分
主电路功能	主电路缺相扣 5 分，短路扣 10 分	10	
控制电路功能	启停、自锁、互锁、行程开关换接功能缺失，每项扣 5 分	20	
通电成功性	1 次试车不成功扣 5 分，2 次不成功扣 10 分	10	

4. 职业素养

检查内容	评分标准	配分	得分
工具、量具	工量具摆放不整齐扣3分	3	
使用登记	工位使用登记不填写扣2分	2	
工作台	工作台脏乱差扣5分	5	
合 计		100	

【心得收获】

1. 分条简述在任务实施中遇到的问题及解决措施。

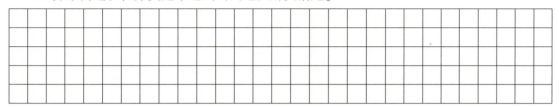

2. 综合评价收获，总结成长的经验和教训。

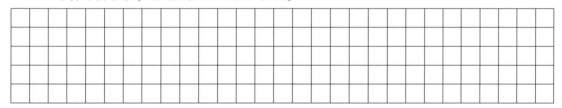

【拓展强化】

1. 拓展任务

请用专业的语言列出点动控制与连续控制的区别。

2. 习题强化

（1）判断题。

①只要电动机过载，其保护电器的热继电器会瞬间动作并切断电动机电源。　　　（　　）

②由于热继电器热惯性大，所以在电动机控制线路中，只适合作过载保护，不宜作短路保护。　　　　　　　　　　　　　　　　　　　　　　　　　　　　　　　　　　（　　）

③热继电器的触头系统一般包括一个常开触头和一个常闭触头。　　　（　　）

④由于热继电器在电动机控制线路中兼有短路和过载保护，故不需要再接入熔断器作短路保护。　　　　　　　　　　　　　　　　　　　　　　　　　　　　　　　　　　（　　）

⑤过载保护是指当电动机出现短路时，能自动切断电动机的电源，使电动机停转的一种

保护。   （   ）

（2）分析题。

试分析判断下图所示各控制电路（国标符号）能否实现自锁控制。若不能，请说明原因。

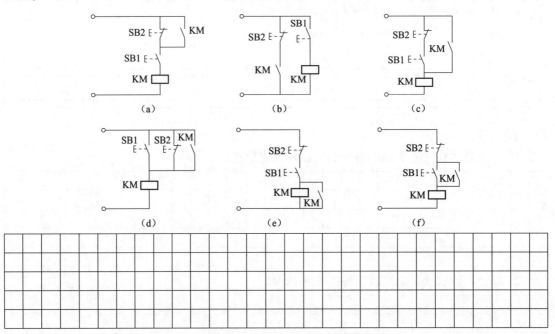

<table>
<tr><td></td><td></td><td></td><td></td><td></td><td></td><td></td><td></td><td></td><td></td><td></td><td></td><td></td><td></td><td></td><td></td><td></td><td></td><td></td><td></td><td></td><td></td></tr>
<tr><td></td><td></td><td></td><td></td><td></td><td></td><td></td><td></td><td></td><td></td><td></td><td></td><td></td><td></td><td></td><td></td><td></td><td></td><td></td><td></td><td></td><td></td></tr>
<tr><td></td><td></td><td></td><td></td><td></td><td></td><td></td><td></td><td></td><td></td><td></td><td></td><td></td><td></td><td></td><td></td><td></td><td></td><td></td><td></td><td></td><td></td></tr>
<tr><td></td><td></td><td></td><td></td><td></td><td></td><td></td><td></td><td></td><td></td><td></td><td></td><td></td><td></td><td></td><td></td><td></td><td></td><td></td><td></td><td></td><td></td></tr>
<tr><td></td><td></td><td></td><td></td><td></td><td></td><td></td><td></td><td></td><td></td><td></td><td></td><td></td><td></td><td></td><td></td><td></td><td></td><td></td><td></td><td></td><td></td></tr>
</table>

项目3　工作台自动往返控制电路的装调

项目介绍

点动和连续运行控制电路只能使电动机朝一个方向旋转，带动生产机械的运动部件朝一个方向运动。但许多生产机械往往要求运动部件能向两个互为相反的方向运动，如机床工作台的前进（切削）与后退（回程），这些生产机械中电动机的正反转控制是通过行程开关来实现的。

图 3-1 所示为分拣装置工作台。

图 3-1　分拣装置工作台

本项目目的是要求同学们明确控制要求，会对电气图进行分析与设计，并能根据电气图进行安装与调试。通过本项目的学习，希望你有所获。

知识目标

(1) 理解安全继电器的工作原理。

(2) 掌握重载连接器的引脚分配方法。

(3) 掌握机械互锁和电气互锁的工作原理。

(4) 掌握行程开关的接线技巧。

(5) 掌握行程控制电动机正反转控制电路的工作原理。

(6) 熟悉常用电工工具的使用规范。

能力目标

(1) 能熟练使用常用的电工工具。

(2) 会安装航空插头。

(3) 会按规范实施马达保护断路器的安装与接线。

(4) 能熟练对电动机的正反转进行分析、设计、安装与调试。

(5) 能快速排除电动机正反转控制电路接线中出现的故障。

素养目标

(1) 培养安全用电意识。

(2) 遵守工具和仪器操作规范。

(3) 增强语言表达与沟通能力。

学习任务 3.1　互锁

利用两个或多个常闭触点去控制对方的线圈回路，保证回路中线圈不会同时通电的功能称为"互锁"。目的是限制互锁的电器，使其不能同时动作，从而避免危险工况的出现。

1. 电气互锁

如图 3-2 所示，将自身接触器的辅助常闭触点串入对方接触器线圈回路中，则自身接触器线圈回路通电前，先切断对方接触器的线圈回路（辅助常闭触点先断开），然后才接通自身的线圈回路（辅助常开触点后闭合）。这样，即使按下相反方向（对方）的启动按钮，另一个接触器也无法通电，这种利用两个接触器的辅助常闭触点互相控制的方式，称为电气互锁、电气联锁或接触器互锁，其中起互锁作用的辅助常闭触点叫互锁触点。

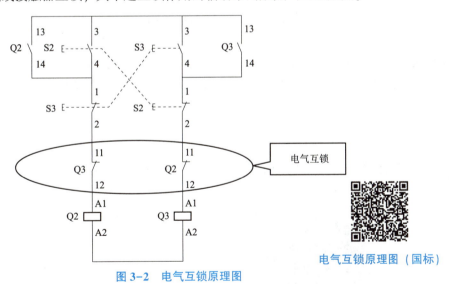

电气互锁原理图（国标）

图 3-2　电气互锁原理图

2. 机械互锁

如图 3-3 所示，复合按钮有常开触点和常闭触点，通常将常开触点作为启动按钮，而将常闭触点串接在对方接触器的线圈回路中，这样在任一时刻按下复合按钮，在接通己方接触器线圈回路之前，先使对方接触器线圈回路断电（常闭触点先断开），然后才接通自身所控制的接触器线圈回路（常开触点后闭合）。这样，即使按下相反方向（对方）的复合按钮，另一个接触器也无法通电，这种利用两个复合按钮的常闭触点互相控制的方式，称为机械互锁、机械联锁或按钮互锁，其中起互锁作用的常闭触点叫互锁触点。

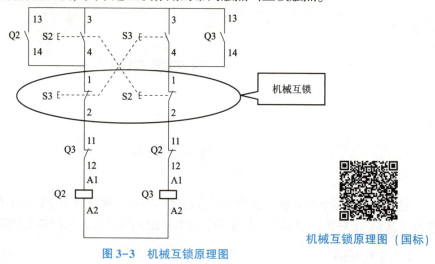

机械互锁原理图（国标）

图 3-3　机械互锁原理图

若线路中既有电气互锁，又有机械互锁，则称为双重互锁。该线路操作方便、安全可靠，得到了广泛应用。

学习任务 3.2　行程开关

某些生产机械运动状态的转换，是靠部件运行到一定位置时由行程开关发出信号进行自动控制的。例如，行车运动到终端位置自动停车、工作台在指定区域内的自动往返移动，都是由运动部件运动的位置或行程来控制的，这种控制称为行程控制。

行程控制是用行程开关代替按钮开关来实现对电动机的启动和停止控制的，可分为限位断电、限位通电和自动往复循环等控制。

1. 行程开关的外形结构及符号

机械式行程开关的外形结构如图 3-4（a）所示，图 3-4（b）所示为行程开关的图形符号，其文字符号为 S。

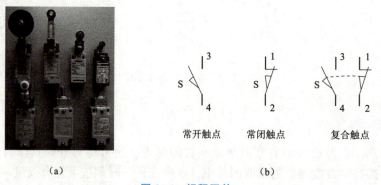

（a）　　　　　　　　　　　（b）

图 3-4　行程开关
（a）行程开关的外形结构；（b）行程开关的图形符号

2. 行程开关的工作原理

当生产机械的运动部件到达某一位置时，运动部件上的挡块碰压行程开关的操作头，使行程开关的触头改变状态，对控制电路发出接通、断开或变换某些控制电路的指令，以达到设定的控制要求。图3-5所示为直动式行程开关的动作原理图。

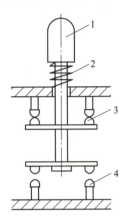

图 3-5 直动式行程开关的动作原理图
1—推杆；2—弹簧；3—常闭（动断）触点；4—常开（动合）触点

行程开关的动作原理与复合按钮相同，当有外力压下推杆时，常闭触点先断开，接着常开触点闭合；当外力撤销后，推杆在弹簧的作用下复位，常开触点先恢复初始状态（断开），接着常闭触点恢复初始状态（闭合）。

学习任务 3.3 安全继电器

安全继电器类型较多，其中使用最广泛的是皮尔磁（pilz）PNOZ 系列安全继电器，其电路内置自检功能的冗余设计，在自身组件失效的情况下安全功能仍然起作用。安全继电器的正确开闭在每个 ON-OFF 过程中被自动测试，可连接急停按钮、安全门限位开关、复位按钮等，且带状态指示灯。以 pilz PNOZ X3P 为例（见图3-6），介绍其工作原理，其文字符号为 F。

1. 基本特征

PNOZ X3P 系列安全继电器共计有 4 种不同的型号适用于交流电或直流电，标准电压为交流 240 V 或直流 24 V。X3P 系列安全继电器控制特征有以下几点：

（1）继电器输出：3 对安全触点（常开）、1 对辅助触点（常闭），采用机械方式连接，使常开触点和常闭触点永远不能同时闭合。

（2）可连接急停按钮、安全门按钮和复位按钮。

图 3-6 PNOZ X3P 实物图

（3）具有电源和继电器状态显示功能。

（4）晶体管输出端口显示继电器进入准备状态。

2. 功能描述

A1、A2 接通电源后，电源指示灯（POWER）亮，当 S13-S14 闭合（自动复位用法）或者 S33-S34 端子接线的复位触点被打开并再次闭合后（手动复位用法），PNOZ X3P 就处于准备状态。图 3-7 所示为其内部功能图。

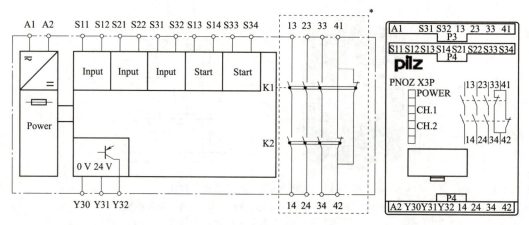

图 3-7　PNOZ X3P 内部功能图

输入电路闭合（例如：急停按钮没有被按下时），K1、K2 继电器得电吸合并自锁，CH1、CH2 状态指示灯亮，安全触点（13-14、23-24、33-34）闭合，辅助触点 41-42 打开。输入电路断开后（例如急停按钮被按下时），K1、K2 继电器释放，CH1、CH2 状态指示灯熄灭，安全触点（13-14、23-24、33-34）打开，辅助触点 41-42 闭合。

晶体管输出：如果 K1、K2 吸合，则晶体管 Y32 将导通输出；如果 K1、K2 失电释放，则晶体管 Y32 被将关断，状态复位。

3. 运行方式

1）单通道方式

输入接线按照 VDE 0113-1 和 EN 60204-1 的标准执行，输入电路中没有双回路冗余输入，能检测输入回路中的接地故障，如图 3-8 所示。

2）双通道方式

输入电路中存在冗余重复输入，能检测输入回路中的接地故障，以及按钮之间的短路故障，如图 3-9 所示。

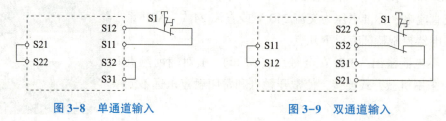

图 3-8　单通道输入　　　　　　　　　　图 3-9　双通道输入

4. 接线

连接工作电压至端子 A1、A2。

1）复位回路接线注意事项

自动复位：短接 S13-S14。

带监视的手动复位：连接按钮至 S33-S34（S13-S14 常开）。

（2）输入回路接线注意事项

单通道：将 S21-S22 和 S31-S32 短接，连接急停按钮常闭触点至 S11-S12。

有短路检测的双通道：短接 S11-S12，连接急停按钮常闭触点至 S21-S22 以及 S31-S32。

5. 故障排除

1）接地故障

电子保险会断开输出触点，一旦故障消失并且切断电源，安全继电器将会在约 1 min 进入准备状态。

2）触点故障

当触点粘连时，输入回路断开后，安全继电器的安全回路触点不断开；短路或电源断开时，LED 指示灯"POWER"不亮。

学习任务 3.4 重载连接器

1. 重载连接器的应用

重载连接器（见图 3-10）是专门为满足苛刻环境条件的要求所设计的，主要应用领域有工业自动化、设备制造和工业系统楼宇以及信息和控制技术等，起到信号连接与传递的作用。相对于传统的点对点连接，重载连接器可以极大地提高电气连接的可靠性和稳定性，而且其防护等级高，可达 IP65，甚至可以达到防尘、防水的最高等级 IP68。因此在工业控制中被广泛应用，常用的重载连接器是矩形连接器，可适应不同芯数的插芯，最多可连接 216 芯。

图 3-10　重载连接器实物图

2. 重载连接器的连接方法

重载连接器中带有插针的部分称为公头，带有插孔的部分称为母头，通常将对应编号的公头和母头引脚装配到一起实现电气连接，如图 3-11 所示。

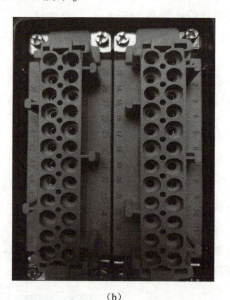

（a）   （b）

图 3-11　重载连接器的引脚连接

（a）公头；（b）母头

3. 重载连接器的引脚分配

重载连接器的图形符号如图 3-12 所示，文字符号为 X，其带有半括号的一端表示连接器母头，另一端表示连接器公头。在图 3-11 中，A1 为重载连接器分配的第一个引脚，采用"字母+数字"表示，而实物中的引脚是用"数字"来表示，通常需要人为设置"通信协议"使得接线图与实物的引脚相对应。

图 3-12　重载连接器的符号

考虑控制系统信号的扩展性，以重载连接器实物 48 引脚（1~48）和接线图 40 引脚（A1-A10，B1-B10，C1-C10，D1-D10）为例，设置通信协议。

1）按序分配

将实物引脚按数字的先后次序分配到接线图的 40 个引脚，最后的 8 个引脚闲置，如表 3-1 所示。

表 3-1　按序分配引脚

实物引脚	图纸引脚	实物引脚	图纸引脚	实物引脚	图纸引脚	实物引脚	图纸引脚	实物引脚	图纸引脚
1	A1	11	B1	21	C1	31	D1	41	—
2	A2	12	B2	22	C2	32	D2	42	—
3	A3	13	B3	23	C3	33	D3	43	—
4	A4	14	B4	24	C4	34	D4	44	—
5	A5	15	B5	25	C5	35	D5	45	—
6	A6	16	B6	26	C6	36	D6	46	—
7	A7	17	B7	27	C7	37	D7	47	—
8	A8	18	B8	28	C8	38	D8	48	—
9	A9	19	B9	29	C9	39	D9		
10	A10	20	B10	30	C10	40	D10		

2）按列分配

将实物的 4 列引脚（1～12、13～24、25～36、37～48）与接线图的 4 个系列引脚对应（A、B、C、D），每一列 2 个引脚闲置，如表 3-2 所示。

表 3-2　按列分配引脚

实物引脚	图纸引脚	实物引脚	图纸引脚	实物引脚	图纸引脚	实物引脚	图纸引脚
1	A1	13	B1	25	C1	37	D1
2	A2	14	B2	26	C2	38	D2
3	A3	15	B3	27	C3	39	D3
4	A4	16	B4	28	C4	40	D4
5	A5	17	B5	29	C5	41	D5
6	A6	18	B6	30	C6	42	D6
7	A7	19	B7	31	C7	43	D7
8	A8	20	B8	32	C8	44	D8
9	A9	21	B9	33	C9	45	D9
10	A10	22	B10	34	C10	46	D10
11	—	23	—	35	—	47	—
12	—	24	—	36	—	48	—

学习任务 3.5　马达保护断路器

马达保护断路器是一种结构紧凑的限流断路器，可以在短路时安全切断电源，还可以防止负载和设备过载。另外，还可在需要进行维护或器件更换时，作为负载转换或设备与供电线路的隔离开关等。西门子马达保护断路器如图 3-13 所示，空气断路器的电气符号如图 3-14 所示。

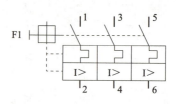

图 3-13　西门子 3RV1021 马达保护断路器　　图 3-14　空气断路器的电气符号

马达保护断路器有过载延时跳闸和短路瞬时跳闸两种保护方式。当实际电流超过马达保护断路器整定电流后，过载保护跳闸延时动作，动作时间与电流呈反时限特性：电流越大，延时动作的时间就越短。当发生短路时，马达保护断路器就会瞬时跳闸，断开电路，从而起到保护电气元件的作用。

学习任务 3.6　航空插头

航空插头是连接器的一种，源于军工行业，故得名，简称航插。航空插头是连接电气线路的机电元件，正确地选择和使用航空插头是保证电路可靠性的一个重要方面。航空插头实物如图 3-15 所示，文字符号为 X。

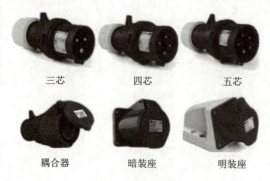

三芯　　　　四芯　　　　五芯

耦合器　　　暗装座　　　明装座

图 3-15　航空插头

1. 航空插头的选型

航空插头的插头和插座能互换装配，实际使用时，可根据插头和插座两端的带电情况来选择。如插座需常带电，则可选择装插孔的插座，因为装插孔的插座，其带电接触件埋在绝缘体中，人体不易触摸到带电接触件，相对来说比较安全。

2. 航空插头的连接方式

航空插头一般由插头和插座组成，其中插头是活动端，插座是固定端，通过插头与插座的插合与分离来实现电路的连接和断开，因此就产生了插头和插座的各种连接方式。对圆形航空插头来说，主要有螺纹式连接、卡口式连接和弹子式连接三种方式。

（1）螺纹式连接最常见，它具有加工工艺简单、制造成本低、适用范围广等优点，但连接速度较慢，不适宜于需频繁插拔和快速接连的场合。

（2）卡口式连接由于其三条卡口槽的导程较长，因此连接的速度较快，但它制造较复杂，成本也就较高。

（3）弹子式连接是三种连接方式中连接速度最快的一种，它不需要进行旋转运动，只需进行直线运动就能实现连接、分离和锁紧的功能。由于它属于直推拉式连接方式，所以仅适用于总分离力不大的航空插头，一般在小型航空插头中较常见。

学习任务 3.7　端子排

1. 端子排的组成及作用

一个导电片加一个绝缘片便组成一个端子，如图 3-16 所示。

许多端子组合在一起便构成端子排，它其实就是一段封在绝缘塑料里面的金属片，两端所有孔均可插入导线，有螺丝用于紧固或者松开，如图 3-17 所示。

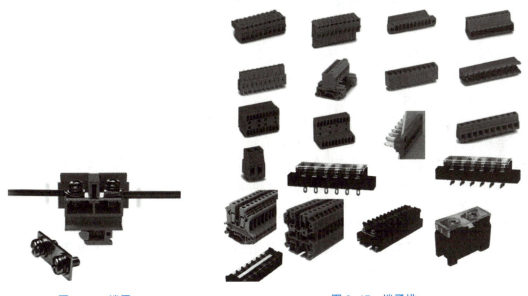

图 3-16　端子　　　　　　　　　　　　　　图 3-17　端子排

端子排的一个接线位就是 1 位或 1 节，按数量分有 2 位、3 位、4 位、6 位、12 位等，按容量分有 10 A、20 A、40 A 等。

端子排的作用就是将屏内（柜内）设备和屏外（柜外）设备的线路相连接，起到信号（电流电压）传输的作用。其主要体现在以下几方面：

（1）接线施工方便，如在安装配电柜时，柜门上的信号灯或仪表都要接到端子排。

（2）维修测量方便，发生故障时查线方便。

（3）节点扩展方便，特别适用于电源信号的节点扩展。

2. 端子排的接线方式

端子排中的端子按接线方式分为压接端子、插接端子和快接端子（弹簧式接线端子）。

（1）压接端子：导线需要做压接端头（如铜、铝鼻子），再用螺丝或螺栓拧压在端子上，一般是通过电流较大的端子，以确保连接可靠。

（2）插接端子：将导线绝缘剥去一段，可将导体直接插入端子窗口，最好套上冷压端子后再插入端子窗口，再用端子自带螺丝拧紧，适用于通过电流在几十安培以下的端子。

（3）快接端子（弹簧端子）：只要将导线绝缘剥去一段，将导体插入端子窗口，就会自动锁住，完成接线。

3. 端子排的接线注意事项

（1）同一接线端子允许最多接两根相同类型及规格的导线。

（2）单芯硬线的线头要以"?"型接到端子，以增加接触面积，以及防止松动。

（3）多股线芯的线头应先进一步绞紧，然后再与接线端子连接。

（4）线头与接线端子必须连接得牢固可靠，尽量减少接触电阻。

学习任务 3.8 线号标识

1. 电气图的线号标识规则

采用电路编号法，即对电路中的各个接点用字母或数字编号。

1）主电路的线号标识规则

主电路在电源开关的出线端，按相序依次编号为 U11、V11、W11，然后按从上至下、从左至右的顺序，每经过一个电气元件后，编号要递增，如 U12、V12、W12，U13、V13、W13…。单台三相交流电动机（或设备）的三根引出线按相序依次编号为 U、V、W。对于多台电动机引出线的编号，为了不致引起误解和混淆，可用数字加字母来区分，如 1U、IV、lW，2U、2 V、2W。

2）辅助电路的线号标识规则

按照电路的布局要求，辅助电路按竖直方向布置，从左到右依次为控制电路、照明电路和指示电路等。

辅助电路编号按"等电位"原则从上至下、从左至右的顺序用数字依次编号，每经过一个电气元件后，编号要依次递增。控制电路编号的起始数字必须是 1，其他辅助电路编号的起始数字依次递增 100，即照明电路编号从 101 开始、指示电路编号从 201 开始等。

2. 线号管

线号管是指用于配线标识的套管，管壁内侧有梅花状内齿，故又称为梅花管。线号管的内齿主要用来调整由于导线直径的偏差而引起的松动，线号管的材质一般为 PVC，如图 3-18 所示。

图 3-18　线号管

通常用线号机在线号管上打印线号，用于配线标识，以便于接线、调试与维修。

线号管的使用注意事项如下：

（1）同一根导线的两端必须都套管，并且线号相同。

（2）控制电路中"等电位"的导线线号必须相同。

（3）线号管上的线号必须字头向上或字头向左，并且有打印文字的部分朝外。

常用的是白色 PVC 内齿圆套管，常用规格为 0.5 mm²、0.75 mm²、1.0 mm²、1.5 mm²、2.5 mm²、4.0 mm²、6.0 mm²，其规格与电线规格相匹配，如 1.5 mm² 电线应选用 1.5 mm² 线号管。

3. 线号机

线号机是用来打印接线号码管、字码套管、PVC 套管、热缩套管标识、标签贴纸的设备。目前市场上比较受欢迎线号机的国际品牌有佳能（凯普丽标）和 max 等，国产品牌有硕方、标映等。

线号机的操作步骤：线号管及色带的安装→打印参数设置→输入打印→裁切取用等。

打印好的线号标识如图 3-19 所示。

图 3-19　标映线号机

1. 接线前规范

1）图纸准备

图纸包括电气原理图、电气元件布置草图和电气安装接线草图。

2）导线准备

$1\ mm^2$ 的黑、蓝色导线，$2.5\ mm^2$ 的黄绿双色线等，如图3-20所示。

（a） （b） （c）

图 3-20　导线

（a）黑色导线；（b）蓝色导线；（c）黄绿双色线

3）接线工具及仪表准备

准备接线工具及仪表，如图3-21所示。

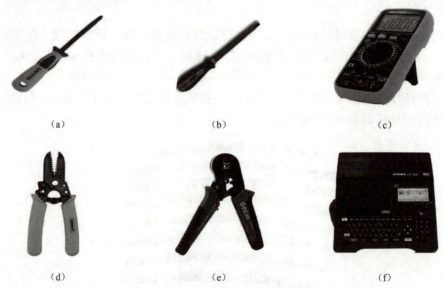

图 3-21　接线工具及仪表

（a）一字型螺丝刀；（b）十字型螺丝刀；（c）万用表；（d）剥线钳；（e）压线钳；（f）线号机

4）辅助材料准备

准备辅助材料，如图3-22所示。

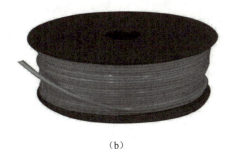

(a)   (b)

图 3-22　辅助材料

(a) 针形冷压端子（根据线径选择）；(b) 线号管（根据线径选择）

2. 接线规则

（1）严格按照电气原理图、电气元件布置图、电气安装接线图接线。

（2）导线要严格按照标准选择合适的颜色和线径。

（3）先接主电路，再接控制电路。

（4）接线时遵循上进下出、左进右出的原则。

（5）导线要保证牢固可靠。

（6）同一接点处的冷压端子不能超过 2 个。

（7）导线必须走线槽。

（8）导线必须套线号管，线号管上的线号必须字头向上或字头向左，并且有打印文字的部分朝外。

学习任务 3.10　电气原理图分析

工作台自动往返控制电路如图 3-23 所示。

分析过程如下：

合上空气开关 Q1→按下按钮 S2→S2 常闭触点先断开，切断 Q3 线圈回路（机械互锁），S2 常开触点闭合→Q2 线圈通电→接触器辅助常闭触点 Q2 先断开（电气互锁），主触点 Q2 闭合，辅助常开触点 Q2 闭合实现自锁→电动机 M1 正转，工作台向右运动（假设）→工作台至最右端撞击 S5→S5 常闭触点先断开，切断 Q2 线圈回路，S5 常开触点闭合→Q3 线圈通电→接触器辅助常闭触点 Q3 先断开，然后主触点 Q3 闭合，辅助常开触点 Q3 闭合实现自锁→电机动 M1 反转，工作台向左运动。

如果先按下按钮 S3，工作台先向左运动，至左极限由 S4 切换到向右运动，分析过程与上述类似。

停止：按下按钮 S1→接触器 Q2 和 Q3 线圈都断电→接触器主触点 Q2 和 Q3 均断开→电动机 M1 停转，工作台停止运动。工作台可停留在左、右极限中的任意位置。

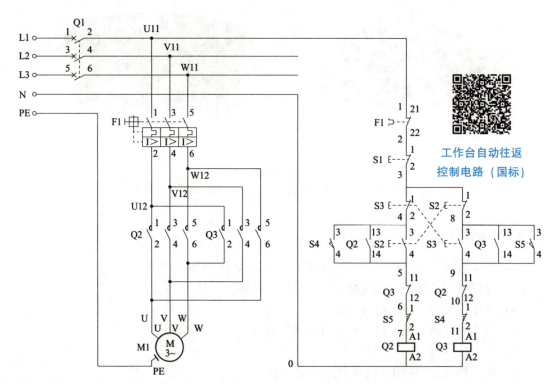

工作台自动往返
控制电路（国标）

图 3-23　工作台自动往返控制电路

学习任务 3.11　工作台自动往返的 PLC 控制

1. 输入/输出地址分配（I/O 分配）

根据工作台自动往返控制电路的电气原理图，输入信号主要有按钮和行程开关，过载保护的触点也可以作为输入信号处理；输出信号是接触器线圈。其地址分配见表 3-3。

表 3-3　工作自动往返的 I/O 分配表

输入	符号	作用	输出	符号	作用
I0.0	S1	停止	Q0.0	Q2	正转
I0.1	S2	正转启动	Q0.1	Q3	反转
I0.2	S3	反转启动			
I0.3	S4	左限位			
I0.4	S5	右限位			

2. 外围接线图绘制

依据 I/O 分配表，结合西门子 S7-1214C AC/DC/RLY 的接线示意图（见图 3-24），绘制外围接线图（见图 3-25）。

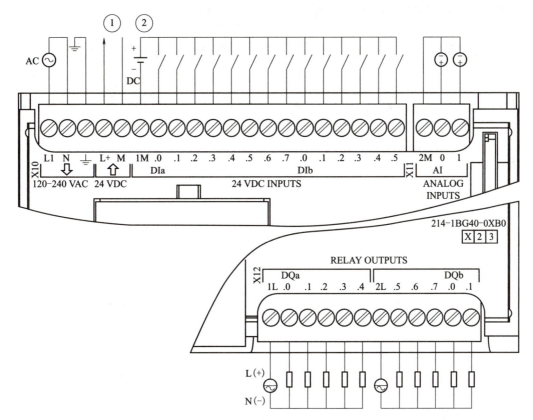

图 3-24　西门子 S7-1214C AC/DC/RLY 接线示意图

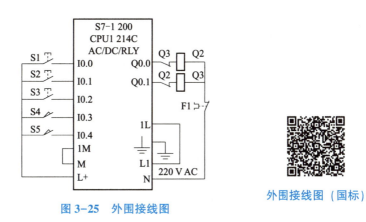

图 3-25　外围接线图

外围接线图（国标）

最后结合控制要求设计 PLC 梯形图，如图 3-26 所示。

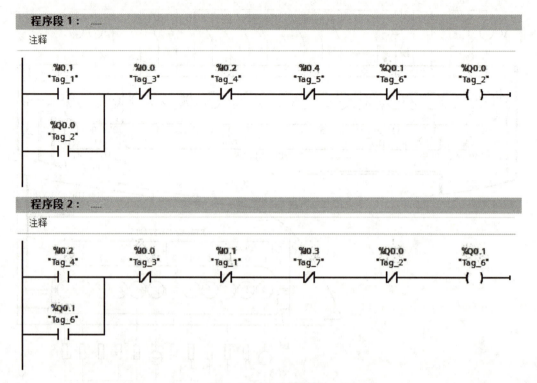

图 3-26　PLC 梯形图

任务工单部分

任务工单 3.1　工作台自动往返控制电路的安装与调试

【任务介绍】

班级：		组别：		姓名：		日期：	
工作任务		工作台自动往返控制电路的安装与调试				分数：	

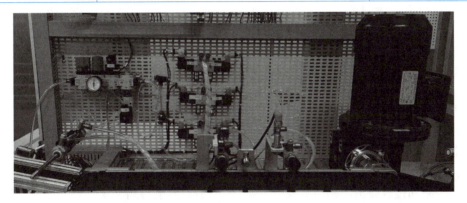

任务描述：

1. 交流接触器、马达保护断路器、航空插头、复合按钮等低压电器的选用；

2. 剥线钳、压线钳、验电笔、万用表等常用电工工量具的操作；

3. 正反转控制电气原理图识读与分析，线路安装、接线、检测与调试。

序号	任务内容	是否完成
1	验电笔、剥线钳、压线钳、万用表、线号机等工量具的使用	
2	测试行程开关	
3	分析工作台自动往返控制电路的工作过程	
4	列元器件清单，准备元器件	
5	绘制电气元件布置图	
6	绘制电气安装接线图	
7	安装与接线	
8	线路检测、调试与排故	
9	工量具、元器件等现场 5S 管理	

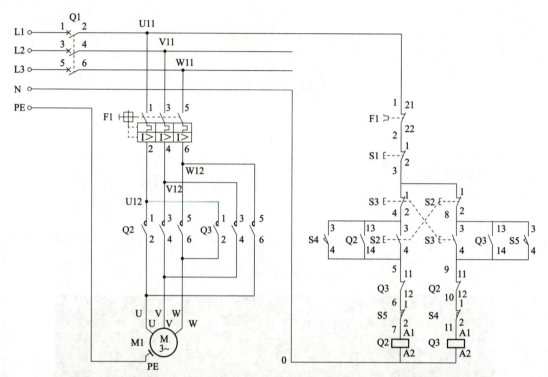

1. 工作台自动往返控制电路是通过（ ）自动实现电动机的正反转切换运行的。

（A）速度继电器 （B）行程开关 （C）按钮 （D）热继电器

2. 电气原理图中马达保护断路器的作用是（ ）。

（A）短路保护 （B）过载保护

（C）短路和过载保护 （D）漏电检测

3. 控制电路中 S4 常开触点的作用是（ ）。

（A）使 Q2 线圈失电 （B）使 Q3 线圈失电

（C）保持 Q3 线圈得电 （D）保持 Q2 线圈得电

4. 控制电路中 S1 的作用是（ ）。

（A）停止 （B）正转 （C）切换 （D）反转

5. 工作台自动往返控制电路中有哪些互锁？分别是什么？

【任务准备】

1. 列元器件清单。

序号	电气符号	名称	数量	规格
1	Q1			

序号	电气符号	名称	数量	规格
2	F1			
3	S1			
4	S2、S3			
5	S4、S5			
6	Q2、Q3			
7	M1			

2. 绘制电器布置图。

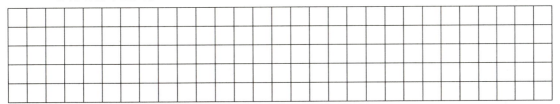

3. 绘制电气安装接线图。

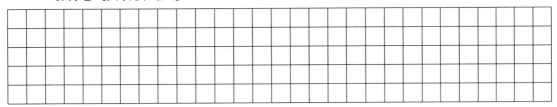

【任务实施】

1. 按规范安装与接线。

具体的元件安装步骤可归纳为：选取元件→检查元件→阅读安装说明书→选配安装工具→横平竖直安装。

具体的接线步骤可归纳为：打线号→剪导线→剥导线→套号管→套端子→压端子→剪余线→插端子→紧螺丝→走线槽。

2. 线路测试。

（1）测量接地电阻和绝缘电阻，检查标准：DIN VDE 0100-0600。

量具	测量点 1	测量点 2	测量值	DIN VDE 规定值
万用表/多功能测量仪	航空插头 PE 点	控制柜 PE 点	（　　）Ω	≤0.3 Ω
		控制柜安装板 PE 点	（　　）Ω	
		控制柜柜门 PE 点	（　　）Ω	
		电动机 PE 点	（　　）Ω	

测量	测量点 1	测量点 2	测量值	DIN VDE 规定值
绝缘电阻 380 V/220 V	XT-L1	XT-PE	（　　）MΩ	≥1 MΩ
	XT-L2	XT-PE	（　　）MΩ	
	XT-L3	XT-PE	（　　）MΩ	
	XT-N	XT-PE	（　　）MΩ	

（2）功能测量。

	电路名称	动作指示	测试点 1	测试点 2	万用表测导通
不上电情况	主电路	无动作 （常态）	U11	U	
			V11	V	
			W11	W	
		按 Q2 测试按钮	U11	U	
			V11	V	
			W11	W	
		按 Q3 测试按钮	U11	W	
			V11	V	
			W11	U	
	控制电路	常态	0	1	
		按 S2 开关	0	1	
		按 S3 开关	0	1	
		按 S2 和 S3 开关	0	1	
		按 Q2 测试按钮	0	1	
		按 Q3 测试按钮	0	1	
		按 Q2 和 Q3 测试按钮	0	1	
		按 S4 开关	0	1	
		按 S5 开关	0	1	
		按 S4 和 S5 开关	0	1	
		先按 S2 开关后按 S1 开关	0	1	
		先按 S3 开关后按 S1 开关	0	1	
上电后情况	主电路 状况描述				
	控制电路 状况描述				

【检查评估】

按评分标准实施互评和师评。

1. 目检

检查内容	评分标准	配分	得分
器件选型	行程开关、交流接触器、马达保护断路器选择不对，每项扣 4 分；空气开关、按钮、接线端子选择不对，每项扣 2 分	10	
导线连接	接点松动、接头露铜过长、压绝缘层，每处扣 2 分	10	
选线与布线	导线型号、截面积、颜色选择不正确，导线绝缘或线芯损伤，线号标识不清楚、遗漏或误标，布线不美观，每处扣 2 分	10	

2. 测量

检查内容	评分标准	配分	得分
接地保护线	PE 接点之间的电阻测量值与标准值的误差超过±5%，每处扣 2 分	10	
绝缘电阻	测量值没有达到无穷大，扣 6 分	6	
脱扣电流、脱扣时间	脱扣电流和脱扣时间的测量值不符合标准值，每种情况扣 2 分	4	

3. 通电试验

检查内容	评分标准	配分	得分
主电路功能	主电路缺相扣 5 分，短路扣 10 分	10	
控制电路功能	启停、自锁、互锁、行程开关换接功能缺失，每项扣 5 分	20	
通电成功性	1 次试车不成功扣 5 分，2 次不成功扣 10 分	10	

4. 职业素养

检查内容	评分标准	配分	得分
工具、量具	工量具摆放不整齐扣 3 分	3	
使用登记	工位使用登记不填写扣 2 分	2	
工作台	工作台脏乱差扣 5 分	5	
合计		100	

【心得收获】

1. 本次任务新接触的内容描述。

2. 总结在任务实施中遇到的困难及解决措施。

3. 综合评价自己的得失，总结成长的经验和教训。

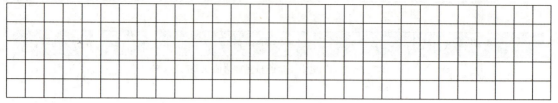

【拓展强化】

一、拓展任务

在工作台自动往返控制电路的基础上，实现运动到终端位置自动停车的限位功能。

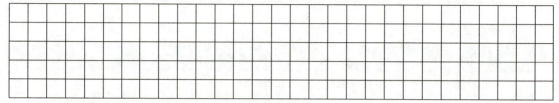

二、习题强化

1. 行程开关常开、常闭触点动作的次序是（　　）。

（A）常开常闭同时动作　　　　　　（B）常开先闭，常闭后断

（C）常闭先断，常开后闭　　　　　　（D）无法确定

2. 复合按钮常开、常闭触点动作的次序是（　　）。

（A）常开常闭同时动作　　　　　　（B）常开先闭，常闭后断

（C）常闭先断，常开后闭　　　　　　（D）无法确定

3. 接地线 PE 应该选用的颜色是（　　）色。

（A）黄绿　　　　　（B）黄　　　　　（C）绿　　　　　（D）红

4. 对照电路图，若工作台运行到行程终端按下行程开关操作头，电动机仍然沿原来方向，没有反向运转，分析电路故障及判断依据。

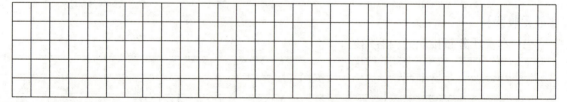

5. 当合上 Q1 后，电动机直接启动运行，根据故障现象分析故障原因并排除故障。

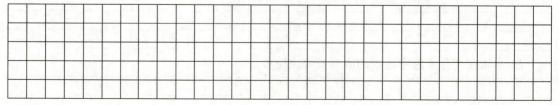

任务工单 3.2 PLC 控制的工作台自动往返电路装调

【任务工单】

班级：	组别：		姓名：		日期：
工作任务		PLC 控制的工作台自动往返电路装调		分数：	

任务描述：

根据工作台自动往返控制的电气原理图，对控制电路进行改造，完成硬件安装与接线、PLC 编程以及电路调试。

序号	任务内容	是否完成
1	任务分析（控制要求、输入信号和输出信号）	
2	绘制 I/O 分配表	
3	绘制外围接线图	
4	列出元器件清单	
5	安装与接线	
6	通电前检测	
7	编写 PLC 程序	
8	电路调试与排故	
9	工量具、元器件等现场 5S 管理	

【任务分析】

1. 描述工作台自动往返控制的工作过程。

2. 电路的输入信号和输出信号分别是什么？

3. 过载保护的触点在 PLC 改造中如何处理?

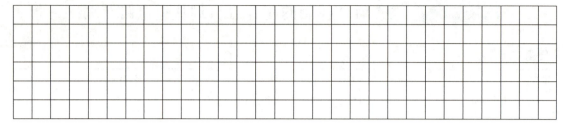

【任务准备】

1. 根据任务分析的结果, 绘制 I/O 分配表。

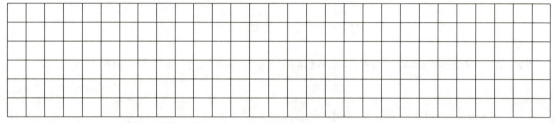

2. 依据 PLC 接线示意图, 绘制 PLC 外围接线图。

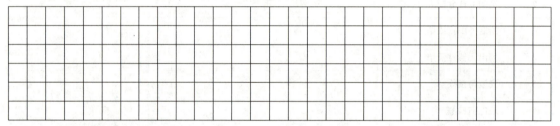

3. 元器件清单。

序号	电气符号	名称	数量	规格
1				
2				
3				
4				
5				
6				
7				
8				

【任务实施】

1. 安装与接线

具体的元件安装步骤可归纳为: 选取元件→检查元件→阅读安装说明书→选配安装工具→横平竖直安装。

具体的接线步骤可归纳为：打线号→剪导线→剥导线→套号管→套端子→压端子→剪余线→插端子→紧螺丝→走线槽。

2. 通电前电路检测

（1）测量接地电阻和绝缘电阻，检查标准：DIN VDE 0100-0600。

量具	测量点 1	测量点 2	测量值	DIN VDE 规定值
万用表/多功能测量仪	航空插头 PE 点	控制柜 PE 点	（　　）Ω	≤0.3 Ω
		控制柜安装板 PE 点	（　　）Ω	
		控制柜柜门 PE 点	（　　）Ω	
		电动机 PE 点	（　　）Ω	

测量	测量点 1	测量点 2	测量值	DIN VDE 规定值
绝缘电阻 380 V/220 V	XT-L1	XT-PE	（　　）MΩ	≥1 MΩ
	XT-L2	XT-PE	（　　）MΩ	
	XT-L3	XT-PE	（　　）MΩ	
	XT-N	XT-PE	（　　）MΩ	

（2）功能测量。

	动作指示	测试点 1	测试点 2	万用表测导通
通电前检测	无动作（常态）	I0.0	L+	
		I0.1	L+	
		I0.2	L+	
		I0.3	L+	
		I0.4	L+	
	无动作（常态）	M	L+	
	按 S1	I0.0	L+	
	按 S2	I0.1	L+	
	按 S3	I0.2	L+	
	按 S4	I0.3	L+	
	按 S5	I0.4	L+	

3. 编写 PLC 程序。

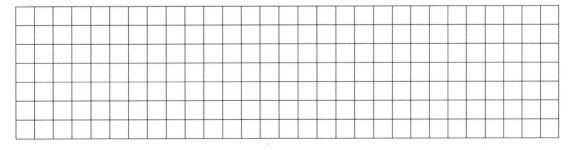

【检查评估】

1. 目检

检查内容	评分标准	配分	得分
器件选型	行程开关、PLC 控制器、交流接触器、马达保护断路器选择不对，每项扣 4 分；空气开关、按钮、接线端子选择不对，每项扣 2 分	10	
导线连接	接点松动、接头露铜过长、压绝缘层，每处扣 2 分	10	
选线与布线	导线型号、截面积、颜色选择不正确，导线绝缘或线芯损伤，线号标识不清楚、遗漏或误标，布线不美观，每处扣 2 分	10	

2. 测量

检查内容	评分标准	配分	得分
接地保护线	PE 接点之间的电阻测量值与标准值的误差超过 ±5%，每处扣 2 分	10	
绝缘电阻	测量值没有达到无穷大，扣 6 分	6	
脱扣电流、脱扣时间	脱扣电流和脱扣时间的测量值不符合标准值，每种情况扣 2 分	4	

3. 通电试验

检查内容	评分标准	配分	得分
主电路功能	主电路缺相扣 5 分，短路扣 10 分	10	
控制电路功能	启停、自锁、互锁、行程开关换接功能缺失，每项扣 5 分	20	
通电成功性	1 次试车不成功扣 5 分，2 次不成功扣 10 分	10	

4. 职业素养

检查内容	评分标准	配分	得分
工具、量具	工量具摆放不整齐扣 3 分	3	
使用登记	工位使用登记不填写扣 2 分	2	
工作台	工作台脏乱差扣 5 分	5	
合计		100	

【心得收获】

1. 分条简述在任务实施中遇到的问题及解决措施。

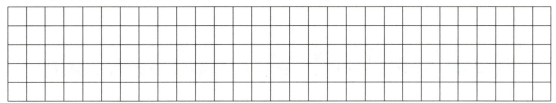

2. 综合评价收获，总结成长的经验和教训。

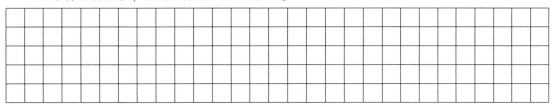

【拓展强化】

1. 请说明 PLC 的输入信号是数字信号还是模拟信号。

2. 请说明 PLC 的输出信号是数字信号还是模拟信号。

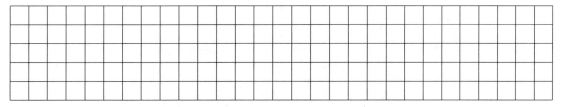

3. 如何构建输入与输出信号之间的逻辑关系？

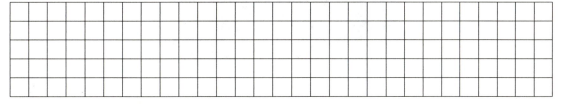

项目4　三相异步电动机星三角启动控制电路的装调

项目介绍

　　鼠笼式异步电动机的启动电流是运行电流的 5~7 倍，为了避免启动电流对电网电压的过大冲击（国标规定，10 kV 及以下供电电压允许偏差为额定电压的±7%，电动机允许电压偏差为额定电压的±5%），一般容量大（大于等于 4 kW）的电动机不采用直接启动，星三角降压启动就是一种简单方便的启动方式。例如，德国罗茨（AERZEN）公司的风机（见图 4-1）采用星三角降压启动方式。启动时，电动机三相定子绕组成星形连接，经过 5~10 s 延时后，定子绕组转换成三角形连接。

图 4-1　德国罗茨（AERZEN）公司的风机

　　本项目要求同学们明确控制要求，会应用时间继电器设计星三角降压启动电路，并能根据电气原理图进行安装与调试。通过本项目的学习，希望你有如下收获。

学有所获

知识目标

（1）掌握电动机星形和三角形接法的不同之处。

（2）掌握时间继电器的接线技巧。

（3）掌握星三角启动电路的工作原理。

（4）熟悉常用电工工具的使用规范。

能力目标

（1）能熟练使用常用的电工工具。

（2）会根据时间继电器铭牌中的引脚示意图实施接线。

（3）能熟练对电动机星三角启动电路进行分析、设计、安装与调试。

（4）能快速排除电动机星三角启动电路接线中出现的故障。

素养目标

（1）培养安全用电意识。

（2）遵守工具和仪器操作规范。

（3）培养团结协作能力。

学习任务4.1 三相异步电动机的启动方式

1. 鼠笼式三相异步电动机的启动方式

三相异步电动机的启动方式主要有直接启动和降压启动。直接启动也叫全压启动，是指将电源电压（即全压）直接加到异步电动机的定子绕组，使电动机在额定电压下启动，一般 4 kW 以下的电动机均可采用。直接启动的特点是启动设备简单，启动时间短，启动方式简单、可靠，所需成本低；但启动电流较大，一般为额定电流的 5~7 倍，对电动机和电网有一定冲击。

降压启动是指启动时降低加在电动机定子绕组上的电压，启动后再将电压恢复至额定值，使电动机全压运行。降压启动最主要的优点是降低电动机启动电流，从而减小对电网的冲击。常见的降压启动方式主要有定子绕组串电阻降压启动、自耦变压器降压启动和星三角降压启动。

1）定子绕组串电阻降压启动

定子绕组串电阻降压启动的主电路示意图如图 4-2 所示。

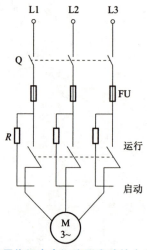

图 4-2 定子绕组串电阻降压启动的主电路示意图

启动时，在每相定子绕组中串入电阻 R，利用串联分压原理降低绕组上的电压；启动后，将启动电阻 R 短接，电动机进入全压运行。

2）自耦变压器降压启动

自耦变压器降压启动的主电路示意图如图4-3所示。

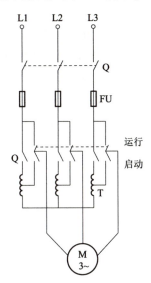

图 4-3　自耦变压器降压启动的主电路示意图

启动时，利用自耦变压器来降低加在定子绕组上的电压；启动后，将自耦变压器脱离，电动机进入全压运行。

自耦变压器降压启动的优点是不受电动机绕组接线方法的限制，可按照允许的启动电流和所需的启动转矩选择不同的抽头，常用于启动容量较大的电动机。其缺点是设备费用高，不宜频繁启动。

3）星三角降压启动

星三角降压启动的主电路示意图如图4-4所示。

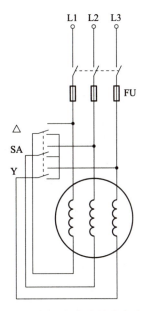

图 4-4　星三角降压启动的主电路示意图

电动机采用星三角降压启动应满足以下三个条件：

（1）负载对电动机启动力矩无严格要求，且要限制电动机启动电流。

（2）电动机满足 380 V/△接线条件。

（3）电动机正常运行时定子绕组的接法是三角形。

启动时，把定子绕组接成星形，降低启动电压，减小启动电流；启动后，把定子绕组改接成三角形，电动机进入全压运行。由于电动机启动电流与电源电压成正比，因此降压启动电流只有全压启动电流的 1/3，降压启动力矩也只有全压启动力矩的 1/3。星三角降压启动是以牺牲功率为代价来降低启动电流的，所以不能单以电动机功率来确定是否采用星三角启动，还要看负载。一般在启动时负载轻、运行时负载重的情况下可采用星三角启动。

2. 绕线式三相异步电动机启动方式

绕线式电动机与鼠笼式电动机结构有所不同，绕线式转子的绕组和定子绕组相似，三相绕组连接成星形，三根端线连接到装在转轴上的三个铜滑环上，通过一组电刷与外电路相连接。

绕线式异步电动机的转子串电阻启动示意图如图 4-5 所示。

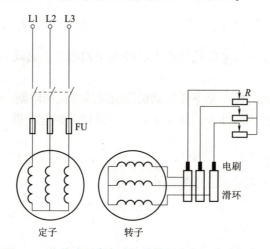

图 4-5　绕线式异步电动机的转子串电阻启动示意图

绕线式三相异步电动机，转子绕组通过滑环与电阻连接，外部串接电阻相当于转子绕组的内阻增加了，进而减小了转子绕组的感应电流。从某个角度讲，电动机又像是一个变压器，二次电流减小，相当于变压器一次绕组的电动机励磁绕组电流相应减小。根据电动机的特性，转子串接电阻会降低电动机的转速，提高转动力矩，有更好的启动性能。

在这种启动方式中，由于电阻是常数，故启动过程不够平稳，要想获得更加平稳的启动性能，必须增加启动级数，在启动过程中逐级切除，但是这就会使设备复杂化。

采用在转子上串接频敏变阻器的启动方法，也可以使启动更加平稳。频敏变阻器启动原理是：电动机定子绕组接通电源电动机开始启动时，由于串接了频敏变阻器，电动机转子转速很低，启动电流很小，故转子频率较高，$f_2 \approx f_1$，频敏变阻器的铁损很大，随着转速的提升，转子电流频率逐渐降低，电感的阻抗随之减小，这就相当于启动过程中电阻的无级切除。当转速上升到接近于稳定值时，频敏变阻器短接，启动过程结束。

转子串电阻或频敏变阻器虽然启动性能好，可以重载启动，但由于只适合于价格昂贵、结构复杂的绕线式三相异步电动机，所以只是在启动控制、速度控制要求高的各种升降机、输送机和行车等行业使用。

学习任务 4.2　三相异步电动机的星三角接法

三相异步电动机的三相绕组共有六个接线头引出来，接在接线盒的六个接线柱上，并标着符号 U1、U2，V1、V2，W1、W2，称为 U、V、W 三相绕组，如图 4-6 所示。

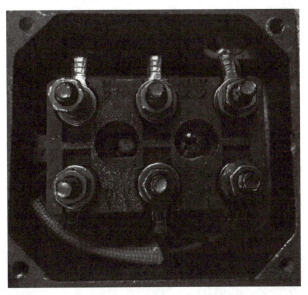

图 4-6　电动机的接线盒

把接线盒中 U2、V2、W2 三个接线柱用金属片连接起来，U1、V1、W1 三个接线柱分别接电源，这种接法称为星形接线，用符号 "丫" 表示，如图 4-7（a）所示。把接线盒中三相绕组首尾依次用金属片连接起来后，再分别接电源，这种接法称为三角形接线，用符号 "△" 表示，如图 4-7（b）所示。

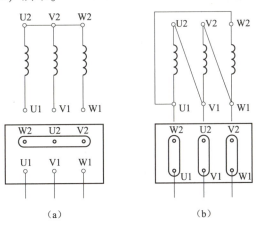

（a）　　　　　　　　　（b）

图 4-7　三相异步电动机的接法

（a）△接法示意图；（b）丫接法示意图

学习任务 4.3 时间继电器

时间继电器是指当加入（或去掉）输入的动作信号后，其输出电路需经过规定的准确时间才产生跳跃式变化（或触头动作）的一种继电器，即当线圈通电或断电后，其触头需经过一定延时以后再动作，以控制电路的接通或分断。

1. 时间继电器的分类

时间继电器的种类很多，主要有电磁式、空气阻尼式和电子式等几大类，延时方式有通电延时和断电延时两种。它被广泛用来控制生产过程中按时间原则制定的工艺程序，如鼠笼式电动机Y/△启动等。

空气阻尼式时间继电器具有延时范围宽、结构简单、工作可靠、价格低廉、寿命长等优点，是交流控制线路中常用的时间继电器。它的缺点是具有延时误差（±10%～±20%），无调节刻度指示，难以精确地整定延时值，故在对延时精度要求高的场合，不宜使用这种时间继电器。

2. 时间继电器的外形结构及符号

正泰 JSZ3 A-B 型空气阻尼式时间继电器的外形结构如图 4-8（a）所示，图 4-8（b）所示为时间继电器的图形符号，其文字符号为 KT。

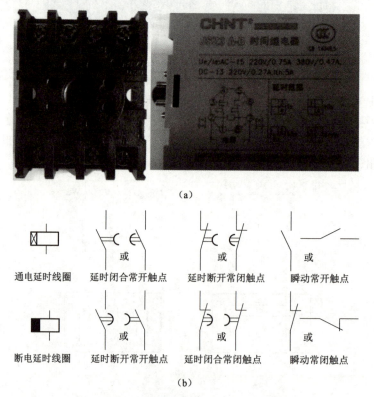

（a）

通电延时线圈　　延时闭合常开触点　　延时断开常闭触点　　瞬动常开触点

断电延时线圈　　延时断开常开触点　　延时闭合常闭触点　　瞬动常闭触点

（b）

图 4-8　时间继电器的外形结构及图形符号
（a）空气阻尼式时间继电器的外形结构；（b）时间继电器的图形符号

3. 时间继电器的接线

由图 4-8（a）可知，JSZ3 A-B 型时间继电器底座上有 8 个接线端，序号为 1~8，分别与铭牌上的接线示意图相对应。其中，2 与 7 之间是线圈，需接电源，如果接直流电源，必须是 2 接电源负极、7 接电源正极，不能接反；如果接交流电源，不分极性，则随意接。13 与 14 及 68 与 58 分别为两对组合触点，13 与 68 为通电延时闭合触点，14 与 58 为通电延时断开触点。

必须注意的是，当电路中需要一对通电延时闭合触点和一对通电延时断开触点时，需分别从两对组合触点中选取一对使用，即 13 和 58，或者 68 与 14。如果选择 13 和 14，或者 58 与 68 接入电路，将发生短路。

4. 时间继电器的型号含义

时间继电器的型号含义如图 4-9 所示。

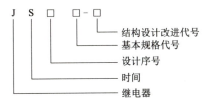

图 4-9 时间继电器的型号含义

例如，在 JSZ3 A-B 中，JS：时间继电器；Z：综合型；3：设计序号；A：基型（通电延时，多挡式），还可用 C、F、K、Y、R 表示，其中，C 为瞬动型（通电延时，多挡式），F 为断电延时，K 为信号断开延时，Y 为星三角启动延时（通电延时），R 为往复循环定时（通电延时）；B：四挡时间可调，延时范围代号（适用于多挡式），用 A、B、C、D、E、F、G 表示。

学习任务 4.4　时间控制的电动机星三角启动电路

时间继电器控制电动机星三角启动可以根据设定的时间实现自动转换，控制精确，应用较广泛。其转换时间是由负载大小决定的，小负载的转换运行时间短一点（5 s），大负载则在 8~12 s 之间，甚至更长。时间控制的电动机星三角启动电路如图 4-10 所示。

分析过程如下：

（1）启动：合上空气开关 Q1→按下按钮 S2→S2 常开触点闭合→Q2、Q3、K1 线圈通电→接触器辅助常闭触点 Q3 先断开（电气互锁），主触点 Q2、Q3 闭合，辅助常开触点 Q2 闭合实现自锁→电动机 M1 星形启动。

（2）运行：按下按钮 SB2 的同时→K1 线圈通电（计时开始）→到达延时时间，K1 常闭触点断开→Q3 线圈失电，Q3 辅助常闭触点复位，K1 常开触点闭合→Q4 线圈通电，辅助常闭触点 Q4 先断开（电气互锁），辅助常开触点 Q4 闭合实现自锁→电动机 M1 三角形全压运行。

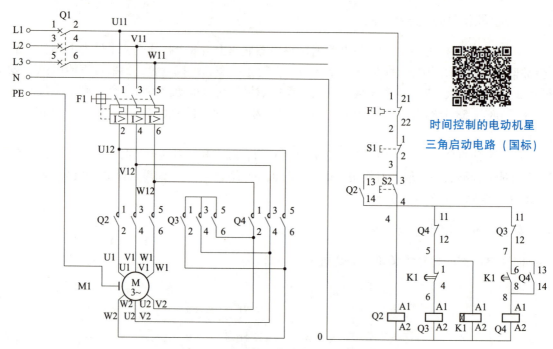

时间控制的电动机星三角启动电路（国标）

图 4-10　时间控制的电动机星三角启动电路

（3）停止：按下按钮 S1→Q2、Q3、K1、Q4 线圈都断电→接触器主触点 Q2、Q3、Q4 均断开→电动机 M1 停转。

学习任务 4.5　PLC 控制的星三角启动电路

1. S7-1200 PLC 定时器的分类

S7-1200 PLC 定时器主要有 TP（脉冲定时器）、TON（通电延时定时器）、TOF（断电延时定时器）、TONR（保持型通电延时定时器）4 种：

（1）TP：可生成具有预设宽度时间的脉冲。

（2）TON：输出 Q 在预设的延时过后设置为"ON"。

（3）TOF：输出 Q 在预设的延时过后重置为"OFF"。

（4）TONR：输出 Q 在预设的延时过后设置为"ON"，必须通过 R 来重置定时器，在使用 R 之前，多个定时时段会一直累加。

此外，其还包含复位定时器（RT）和加载持续时间（PT）这两个指令。

1）通电延时定时器（TON）

通电延时定时器梯形图符号及时序图如图 4-11 所示。

IN 从"0"变成"1"，定时器启动，计时开始；当 ET＝PT 时，Q 立即输出"1"，ET 立即停止计时并保持。在任意时刻，只要 IN 变成"0"，ET 立即停止计时并回到 0，Q 输出"0"。

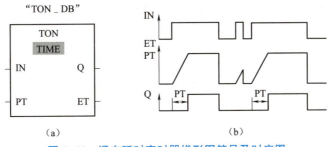

"TON _ DB"

(a)

(b)

图 4-11 通电延时定时器梯形图符号及时序图

（a）梯形图符号；（b）时序图

2）断电延时定时器（TOF）

断电延时定时器梯形图符号及时序图如图 4-12 所示。

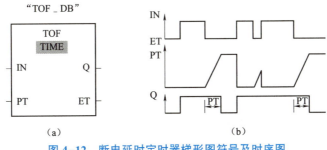

"TOF _ DB"

(a)

(b)

图 4-12 断电延时定时器梯形图符号及时序图

（a）梯形图符号；（b）时序图

只要 IN 为 "1"，Q 即输出为 "1"；当 IN 从 "1" 变为 "0" 时，定时器启动，计时开始；当 ET＝PT 时，Q 立即输出 "0"，ET 立即停止计时并保持。在任意时刻，只要 IN 变为 "1"，ET 立即停止计时并回到 0。

2. 用定时器指令实现电动机星三角降压启动控制

控制要求：启动时电动机为星形，8 s 后切换为三角形，星三角之间设置互锁并设置过载保护等环节。

功能分析及 I/O 分配：电路中需要启动按钮和停止按钮，需要三个接触器来控制电路接通以及星形三角形连接。此外，从电路保护的角度考虑，还需要热继电器等。

星三角形启动控制的 I/O 分配表见表 4-1。

表 4-1 星三角启动控制的 I/O 分配表

符号	名称	地址
S1	停止按钮	I0.0
S2	启动按钮	I0.1
S3	热继电器	I0.2
Q2	接触器	Q0.0
Q3	接触器星	Q0.1
Q4	接触器三角	Q0.2

依据 I/O 分配表绘制星三角启动的 PLC 外围接线图，如图 4-13 所示。

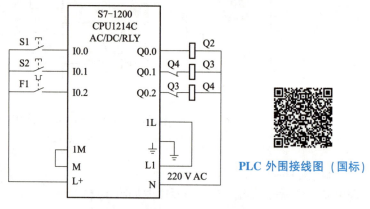

PLC 外围接线图（国标）

图 4-13　PLC 外围接线图

设计的星三角启动 PLC 梯形图如图 4-14 所示。

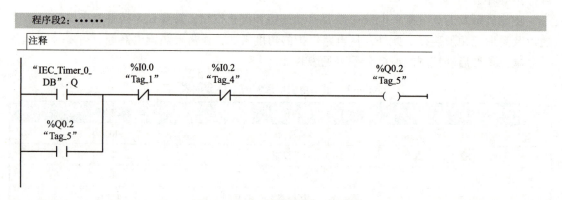

图 4-14　星三角启动 PLC 梯形图

任务工单部分

任务工单 4.1　时间控制的电动机星三角启动电路的装调

【任务介绍】

班级：	组别：	姓名：	日期：
工作任务	时间控制的电动机星三角启动电路的装调		**分数：**

任务描述：

1. 时间继电器、交流接触器、马达保护断路器、航空插头等低压电器的选用；
2. 剥线钳、压线钳、验电笔、万用表等常用电工工量具的操作；
3. 星三角启动电气原理图分析，电路安装、接线、检测、调试与排故。

序号	任务内容	是否完成
1	验电笔、剥线钳、压线钳、万用表、线号机等工量具使用	
2	分析通电延时时间继电器	
3	分析时间控制的星三角启动电路的工作过程	
4	列元器件清单，准备元器件	
5	绘制电气元件布置图	
6	绘制电气安装接线图	
7	安装与接线	
8	线路检测、调试与排故	
9	工量具、元器件等现场 5S 管理	

【任务分析】

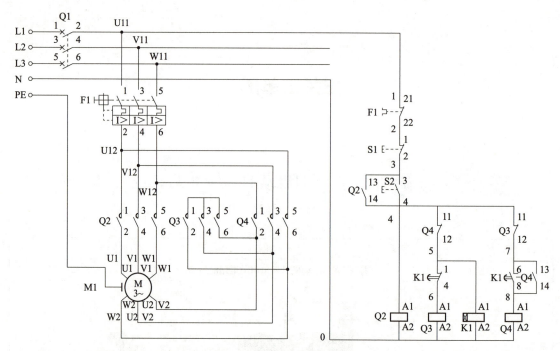

1. 采用降压启动最主要目的是（　　）。

（A）减小启动转矩　（B）减小启动电流　（C）减小启动电压　（D）减小启动转速

2. 星三角降压启动的转矩是全压启动的（　　）倍。

（A）2　　　　　　（B）3　　　　　　（C）$1/\sqrt{3}$　　　　　（D）1/3

3. 绕线式三相异步电动机，转子串电阻启动时（　　）。

（1）启动转矩增大，启动电流增大　　（B）启动转矩减小，启动电流增大

（C）启动转矩增大，启动电流不变　　（D）启动转矩增大，启动电流减小

4. 下面图示的电路中相线电流 I_1（单位：A）为多大？（　　）

（A）$I_1 = 9.1$ A　　（B）$I_1 = 16.5$ A　　（C）$I_1 = 27.3$ A　　（D）$I_1 = 28.6$ A

（E）$I_1 = 85.8$ A

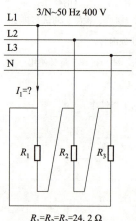

$R_1 = R_2 = R_3 = 24.2\ \Omega$

5. 因启动电流为运行电流的 5~7 倍，所以会出现"启动立刻跳闸"的故障，为什么星三角启动可以避免这种情况的发生？

<table>
<tr><td></td><td></td><td></td><td></td><td></td><td></td><td></td><td></td><td></td><td></td><td></td><td></td><td></td><td></td><td></td><td></td></tr>
<tr><td></td><td></td><td></td><td></td><td></td><td></td><td></td><td></td><td></td><td></td><td></td><td></td><td></td><td></td><td></td><td></td></tr>
<tr><td></td><td></td><td></td><td></td><td></td><td></td><td></td><td></td><td></td><td></td><td></td><td></td><td></td><td></td><td></td><td></td></tr>
<tr><td></td><td></td><td></td><td></td><td></td><td></td><td></td><td></td><td></td><td></td><td></td><td></td><td></td><td></td><td></td><td></td></tr>
<tr><td></td><td></td><td></td><td></td><td></td><td></td><td></td><td></td><td></td><td></td><td></td><td></td><td></td><td></td><td></td><td></td></tr>
</table>

【任务准备】

1. 列元器件清单。

序号	电气符号	名称	数量	规格
1	Q1			
2	F1			
3	S1			
4	S2			
5	Q2、Q3、Q4			
6	K1			
7	M1			

2. 绘制电气布置图。

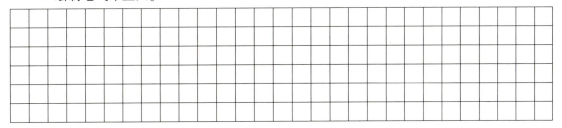

3. 绘制电气安装接线图。

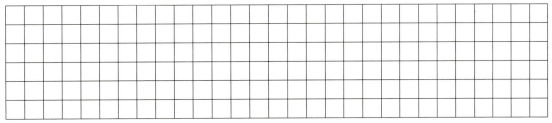

【任务实施】

1. 按规范安装与接线。

具体的元件安装步骤可归纳为：选取元件→检查元件→阅读安装说明书→选配安装工具→横平竖直安装。

具体的接线步骤可归纳为：打线号→剪导线→剥导线→套号管→套端子→压端子→剪余线→插端子→紧螺丝→走线槽。

2. 线路测试。

（1）测量接地电阻和绝缘电阻，检查标准：DIN VDE 0100−0600。

量具	测量点 1	测量点 2	测量值	DIN VDE 规定值
万用表/多功能测量仪	航空插头 PE 点	控制柜 PE 点	（　　）Ω	≤0.3 Ω
		控制柜安装板 PE 点	（　　）Ω	
		控制柜柜门 PE 点	（　　）Ω	
		电动机 PE 点	（　　）Ω	

测量	测量点 1	测量点 2	测量值	DIN VDE 规定值
绝缘电阻 380 V/220 V	XT−L1	XT−PE	（　　）MΩ	≥1 MΩ
	XT−L2	XT−PE	（　　）MΩ	
	XT−L3	XT−PE	（　　）MΩ	
	XT−N	XT−PE	（　　）MΩ	

（2）功能测量。

	电路名称	动作指示	测试点 1	测试点 2	万用表测导通
不上电情况	主电路	无动作（常态）	U11	U1	
			V11	V1	
			W11	W1	
		按 Q2 测试按钮	U11	U1	
			V11	V1	
			W11	W1	
		按 Q3 测试按钮	U2	V2	
			V2	W2	
		按 Q4 测试按钮	U1	W2	
			V1	U2	
			W1	V2	
	控制电路	常态	0	1	
		按 S2 开关	0	1	
		按 Q2 测试按钮	0	1	
		按 Q2 和 Q3 测试按钮	0	1	
		按 Q2 和 Q4 测试按钮	0	1	
		先按 S2 开关后按 S1 开关	0	1	
上电后情况	主电路状况描述				
	控制电路状况描述				

【检查评估】

按评分标准实施互评和师评。

1. 目检

检查内容	评分标准	配分	得分
器件选型	时间继电器、交流接触器、马达保护断路器选择不对，每项扣4分；空气开关、按钮、接线端子选择不对，每项扣2分	10	
导线连接	接点松动、接头露铜过长、压绝缘层，每处扣2分	10	
选线与布线	导线型号、截面积、颜色选择不正确，导线绝缘或线芯损伤，线号标识不清楚、遗漏或误标，布线不美观，每处扣2分	10	

2. 测量

检查内容	评分标准	配分	得分
接地保护线	PE接点之间的电阻测量值与标准值的误差超过±5%，每处扣2分	10	
绝缘电阻	测量值没有达到无穷大，扣6分	6	
脱扣电流、脱扣时间	脱扣电流和脱扣时间的测量值不符合标准值，每种情况扣2分	4	

3. 通电试验

检查内容	评分标准	配分	得分
主电路功能	主电路缺相扣5分，短路扣10分	10	
控制电路功能	启停、自锁、互锁、时间控制星三角切换功能缺失，每项扣5分	20	
通电成功性	1次试车不成功扣5分，2次不成功扣10分	10	

4. 职业素养

检查内容	评分标准	配分	得分
工具、量具	工量具摆放不整齐扣3分	3	
使用登记	工位使用登记不填写扣2分	2	
工作台	工作台脏乱差扣5分	5	
合计		100	

【心得收获】

1. 本次任务新接触的内容描述。

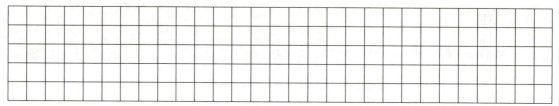

2. 总结在任务实施中遇到的困难及解决措施。

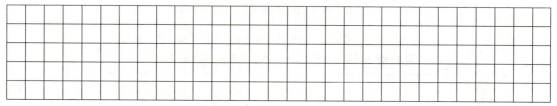

3. 综合评价自己的得失，总结成长的经验和教训。

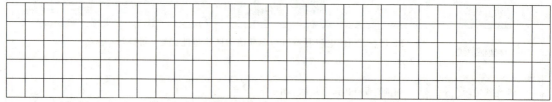

【拓展强化】

1. 当按下 S2 时，控制电路中哪些线圈得电？（　　）

（A）Q2、Q3　　　　（B）Q2、K1　　　　（C）Q2、Q3、K1　　　　（D）Q2、Q3、Q4

2. 电动机三相绕组接线需占用端子排（　　）位。

（A）5　　　　　　　（B）6　　　　　　　（C）7　　　　　　　　　（D）8

3. 控制电路中 KT 常闭触点和常开触点的动作次序是（　　）。

（A）常闭先断，常开后闭　　　　　　（B）常开先闭，常闭后断

（C）常开常闭同时动作　　　　　　　（D）不确定

4. 若按下 S2 后，Q2 和 Q3 主触点吸合，电动机运转，但松开 S2 后，电动机停止，分析故障原因，该如何排除？

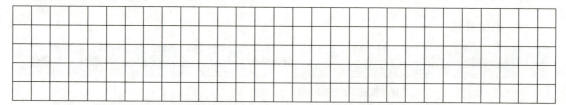

5. 对照电路图，星形转变到三角形后，电源相序是否改变？

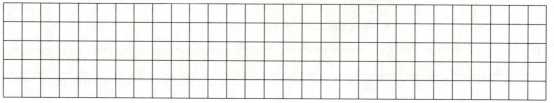

【任务工单】

班级：	组别：		姓名：		日期：	
工作任务		PLC 控制的电动机星三角启动电路的装调			分数：	

任务描述：

1. 用定时器指令改造时间控制的电动机星三角启动电路；
2. 线路安装、接线、检测、调试与排故。

序号	任务内容	是否完成
1	分析 S7-1200 中定时器指令的应用	
2	根据电路的控制要求列 I/O 分配表	
3	绘制 PLC 外围接线图	
4	电路改造、安装与接线	
5	线路检测与排故	
6	编程调试	
7	工量具、元器件等现场 5S 管理	

【任务分析】

1. 说明定时器指令 TON 的具体名称及其含义。

2. 说明 TON 和 TOF 的区别。

3. 根据控制要求，说明输入信号和输出信号分别是什么。

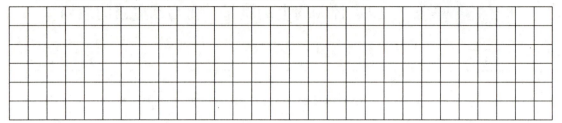

【任务准备】

1. 列出 PLC 的 I/O 分配表。

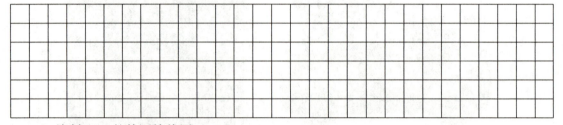

2. 绘制 PLC 的外围接线图。

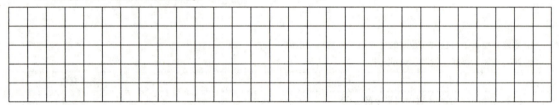

【任务实施】

1. 电路改造、安装与接线。

（1）主电路，与时间控制的电动机星三角启动电路相同，保持不变。

（2）控制电路，根据 PLC 的外围接线图实施安装与接线，符合接线规范。

2. 线路检测。

测量接地电阻和绝缘电阻，检查标准：DIN VDE 0100-0600。

量具	测量点 1	测量点 2	测量值	DIN VDE 规定值
万用表/多功能测量仪	航空插头 PE 点	控制柜 PE 点	（ ）Ω	≤0.3 Ω
		控制柜安装板 PE 点	（ ）Ω	
		控制柜柜门 PE 点	（ ）Ω	
		电动机 PE 点	（ ）Ω	
测量	**测量点 1**	**测量点 2**	**测量值**	**DIN VDE 规定值**
绝缘电阻 380 V/220 V	XT-L1	XT-PE	（ ）MΩ	≥1 MΩ
	XT-L2	XT-PE	（ ）MΩ	
	XT-L3	XT-PE	（ ）MΩ	
	XT-N	XT-PE	（ ）MΩ	

3. 编程调试。

根据控制要求及 I/O 分配表编写 PLC 梯形图，运行调试。

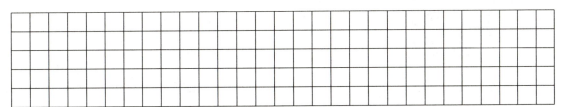

【检查评估】

按评分标准实施互评和师评。

1. 目检

检查内容	评分标准	配分	得分
器件选型	PLC控制器、交流接触器、马达保护断路器选择不对，每项扣4分；空气开关、按钮、接线端子选择不对，每项扣2分	10	
导线连接	接点松动、接头露铜过长、压绝缘层，每处扣2分	10	
选线与布线	导线型号、截面积、颜色选择不正确，导线绝缘或线芯损伤，线号标识不清楚、遗漏或误标，布线不美观，每处扣2分	10	

2. 测量

检查内容	评分标准	配分	得分
接地保护线	PE接点之间的电阻测量值与标准值的误差超过±5%，每处扣2分	10	
绝缘电阻	测量值没有达到无穷大，扣6分	6	
脱扣电流、脱扣时间	脱扣电流和脱扣时间的测量值不符合标准值，每种情况扣2分	4	

3. 通电试验

检查内容	评分标准	配分	得分
主电路功能	主电路缺相扣5分，短路扣10分	10	
控制电路功能	启停、自锁、互锁、星三角换接功能缺失，每项扣5分	20	
通电成功性	1次试车不成功扣5分，2次不成功扣10分	10	

4. 职业素养

检查内容	评分标准	配分	得分
工具、量具	工量具摆放不整齐扣3分	3	
使用登记	工位使用登记不填写扣2分	2	
工作台	工作台脏乱差扣5分	5	
合计		100	

【心得收获】

1. 本次任务新接触的内容描述。

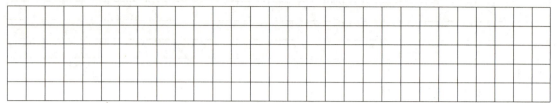

2. 总结在任务实施中遇到的困难及解决措施。

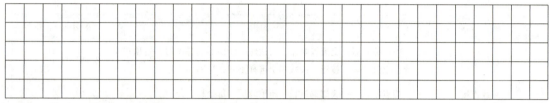

3. 综合评价自己的得失，总结成长的经验和教训。

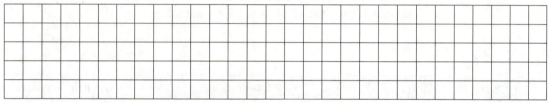

【拓展强化】

1. 定时器 TON 的定时时间计算公式是（   ）。

（A）预设值   （B）预设值/分辨率   （C）预设值×分辨率   （D）分辨率

2. PLC 上电调试时，按下启动按钮对应的输入端口指示灯不亮，另一输入端口指示灯亮，故障原因是（   ）。

（A）启动按钮连接端口与分配表地址不符   （B）启动按钮未连接
（C）启动按钮输入回路断路   （D）启动按钮输入回路接触不良

3. 定时器 TON 和 TONR 有何不同？

项目 5　双速异步电动机调速控制电路的装调

项目介绍

变极多速异步电动机可根据负载情况实现有级变速，从而达到功率的合理匹配以及变速系统的简化，堪称机械系统节约能耗的理想动力，在诸如机床、矿山、冶金、纺织、印染、化工、农机等工农业部门得到了广泛应用。

例如双速风机，平时作为通风机使用，风机以低速运行，一旦发生火灾，立刻切换到高速，作为消防排烟机使用，如图 5-1 所示；双速泵，平时作为生活用水供给泵，低速运行，一旦发生火灾，立刻切换到高速，作为消防加压水泵使用。

图 5-1　双速风机实物图

本项目要求同学们能够应用时间继电器实现双速电动机的自动变速，完成自动变速控制线路的安装与调试。通过本项目的学习，希望你有如下所获。

学有所获

知识目标

（1）理解变磁极对数的调速原理。

（2）理解双速电动机两种接法的电路参数。

（3）理解变频调速的工作原理。

（4）掌握变频调速的工作过程。

（5）熟悉常用电工工具的使用规范。

能力目标

(1) 能熟练使用常用的电工工具。

(2) 会安装双速电动机控制电路。

(3) 会实施上电调试。

(4) 会设定变频器参数。

(5) 会安装变频调速控制电路。

(6) 能快速排除电动机正反转控制电路接线中出现的故障。

素养目标

(1) 培养安全用电意识。

(2) 遵守工具和仪器操作规范。

(3) 培养学生思考和分析问题能力。

学习任务5.1　三相异步电动机的调速方法

由电动机原理可知，三相异步电动机的转速公式为

$$n = \frac{60f(1-S)}{p} \qquad (5-1)$$

式中　S——转差率；

　　　f——电源频率；

　　　p——定子绕组的磁极对数。

由公式可知，改变异步电动机的转速可通过 3 种方法来实现：改变电源频率 f、改变转差率 S、改变磁极对数 p。

3 种调速方法的优缺点比较参见表 5-1。

表 5-1　3 种调速方法的优缺点比较

调速方法	优点	缺点
变频调速	可实现连续平滑调速，低速转矩大，特性好，效率高	需要变频变压装置
变极调速	系统简单，低速转矩大	不能连续调节，需使用双速或多速电动机调速方式调压，低速调速
转差率调速、调压调速、串电阻调速等	系统简单	转矩小；串电阻调速效率低

改变电源频率 f 调速，即变频调速，可实现无级调速；改变转差率 S 调速，仅限于绕线式异步电动机；改变磁极对数 p 调速，磁极对数只能成对地改变，因而是有级调速，一般只能做到 2 速、3 速、4 速等。当通过磁极对数的变换对三相异步电动机进行调速时，由于改接后绕组旋转磁场的旋转方向不会改变，故在改变极数时，应把接到电动机进线端子上的电源相序变一下。

学习任务5.2　双速异步电动机定子绕组的连接

当利用磁极对数的变换对三相异步电动机进行调速时，双速电动机定子绕组的接线方式有两种：一种是绕组丫连接改为丫丫连接；另一种是△连接改为丫丫连接。两种方式都能使电动机的磁极对数减少 1/2，较常用的是图 5-2 所示的低速△连接和高速丫丫连接。

电动机由丫连接改为丫丫连接，每相绕组均由串联改为并联，这样使磁极对数减少了一

半。电动机在变极调速后，其额定转矩基本上保持不变，所以适用于拖动恒转矩性质的负载，例如起重机和皮带传输机等。

电动机由△连接改为丫丫连接，也使磁极对数减少了一半。变极调速后，电动机的额定功率基本上不变，但是额定转矩几乎要减小一半，所以这种接法适用于拖动恒功率性质的负载，如各种金属切削机床。

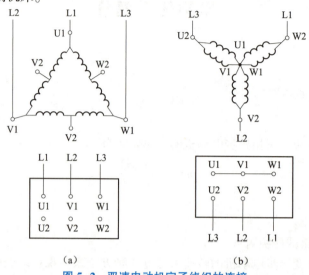

（a）　　　　　　　　　　（b）

图 5-2　双速电动机定子绕组的连接

（a）低速△连接；（b）高速丫丫连接

在图 5-2（a）中，三相电源分别接到接线端 U1、V1、W1，每相绕组的中点各引出一个出线端 U2、V2、W2（3 个出线端空着不接），构成△连接。在图 5-2（b）中，接线端 U1、V1、W1 连接，U2、V2、W2 分别接三相电源，构成丫丫连接，此时电动机的转速接近于△连接时的两倍。

学习任务 5.3　中间继电器

中间继电器通常用来传递信号和同时控制多个电路，也可用来直接控制小容量电动机或其他电气执行元件。中间继电器的结构和工作原理与交流接触器基本相同，都是利用电磁效应实现小电流对大电流的控制。两者的主要区别有：接触器有能通过大电流的主触点，可以控制电动机等负载的主电路，而中间继电器的触点容量一般比较小，没有主触点，全是辅助触点；中间继电器的触点比接触器多。在选用中间继电器时，主要考虑电压等级和触点数目。中间继电器的外形结构及图形符号如图 5-3 所示。

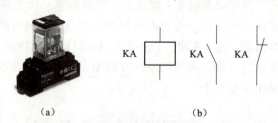

（a）　　　　　　　　（b）

图 5-3　中间继电器外形结构及图形符号

（a）外形结构；（b）图形符号

中间继电器和接触器的工作原理。

中间继电器的作用是增加触点的数量和容量，在控制电路中传递中间信号，应用较多的是线圈额定电压为 DC 24 V 和 AC 220 V 的两种类型。

应用举例 1：某电路需要三组常开辅助触点，而接触器只有两组常开辅助触点，不够用。采用一个中间继电器，利用接触器一组常开辅助触点控制中间继电器线圈，然后将中间继电器的常开触点当作接触器辅助触点使用，这样就增加了触点数量。

应用举例 2：晶体管型 PLC 输出电流很小，约为 0.3 A，容量不够，不能驱动接触器线圈吸合。采用一个中间继电器，用 PLC 输出电流驱动中间继电器线圈，再用中间继电器触点去驱动接触器线圈，即增加了容量。

应用举例 3：PLC 输出直流 24 V，但需要驱动的负载是交流 220 V 接触器。采用一个线圈电压额定值是直流 24 V 的中间继电器，用 PLC 输出电压控制中间继电器，再用中间继电器触点去驱动交流 220 V 接触器。

学习任务 5.4 按钮控制的双速异步电动机电路分析

按钮（手动）控制的双速异步电动机电气原理图如图 5-4 所示。

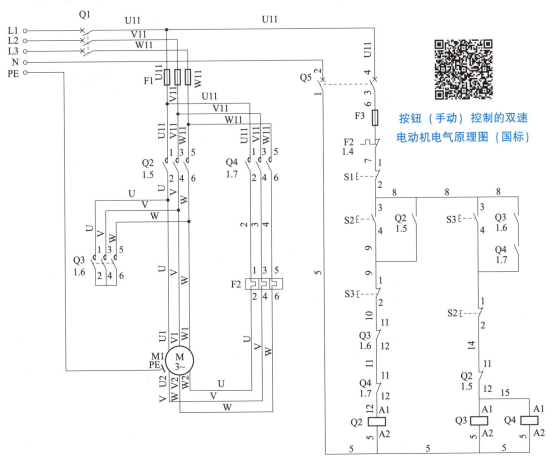

按钮（手动）控制的双速电动机电气原理图（国标）

图 5-4 按钮（手动）控制的双速电动机电气原理图

电动机的工作过程如下：

（1）低速运行：合上断路器 Q1、Q5→按下按钮 S2→Q2 线圈得电→Q2 辅助常闭触点先断开（电气互锁），然后主触点 Q2 闭合，辅助常开触点 Q2 闭合自锁→电动机 M1 低速运行

（定子绕组为△接法）。

（2）高速运行：按下按钮 S3→Q2 线圈失电→Q2 触点复位→Q3、Q4 线圈得电→Q3、Q4 辅助常闭触点先断开（电气互锁），然后主触点 Q3、Q4 闭合，辅助常开触点 Q3、Q4 闭合自锁→电动机 M1 高速运行（定子绕组为丫丫接法）。

（3）停止：按下按钮 SB1→接触器 Q2、Q3、Q4 线圈都断电→接触器主触点均断开→电动机 M1 停转。

行程控制是用行程开关代替按钮开关来实现对电动机的启动和停止进行控制，可分为限位断电、限位通电和自动往复循环等控制。

学习任务 5.5　自动控制的双速异步电动机电路分析

自动控制的双速异步电动机电气原理图如图 5-5 所示。

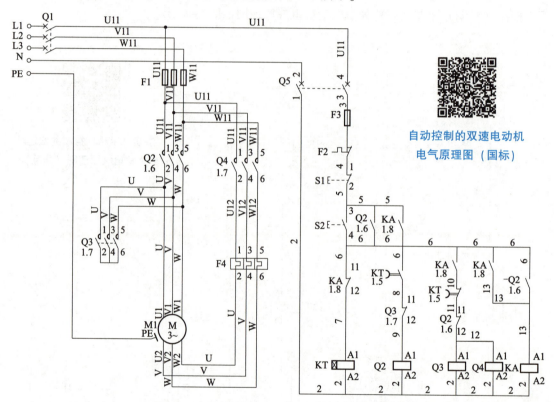

自动控制的双速电动机
电气原理图（国标）

图 5-5　自动控制的双速电动机电气原理图

电动机的工作过程如下：

（1）运行：合上断路器 Q1、Q5→按下按钮 S2→KT 线圈得电→KT 触点立即转换（KT 常闭先断开，KT 常开后闭合）→Q2 线圈得电→Q2 辅助常闭触点先断开（电气互锁），然后主触点 Q2 闭合，辅助常开触点 Q2 闭合→电动机 M1 低速运行（△接法），同时 KA 线圈得电→KA 触点转换→KT 线圈失电，断电延时计时开始→计时到点，KT 触点复位，Q2 线圈先断电，Q3、Q4 线圈后得电→Q3 辅助常闭触点先断开（电气互锁），然后主触点 Q3、Q4闭合→电动机 M1 高速运行（丫丫接法）。

（2）停止：按下按钮 SB1→接触器 Q2、Q3、Q4、KT、KA 线圈都断电→接触器主触点均断开→电动机 M1 停转。

断电延时继电器的工作过程如下：

当断电延时继电器线圈得电时，常开和常闭触点马上动作，常闭触点先断开，常开触点后闭合（先常闭后常开）；当线圈失电时，时间继电器计时开始，时间到达设定值时，触点复位，常开触点由闭合恢复到断开，常闭触点由断开恢复到闭合（先常开后常闭）。

学习任务5.6　变频器技术

1. 变频器的概念和分类

目前变频调速广泛使用变频器。变频器是利用电力电子半导体器件的通断作用，将工频电源变换为另一电压和频率可调的电能装换装置。

根据电能变换环节，变频器可分为交—交和交—直—交两种类型。交—交变频器将频率固定的交流电源直接变换成频率连续可调的交流电，变换效率高，但可调的频率范围窄，常用在低速、大功率拖动系统中；交—直—交型变频器先将交流电整流成直流，再经过逆变，转化成频率可调的三相交流电。由于交—直—交变频器在频率调节范围和电动机性能改

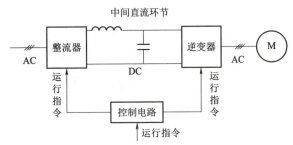

图 5-6　交—直—交变频器结构图

善方面具有明显优势，故是目前中小型交流调速应用的主要类型，其结构如图 5-6 所示。

依据用途，变频器可分为通用变频器和专用变频器。专用变频器是针对特定的控制对象设计，如风机变频器、水泵变频器、电梯及起重机械用变频器等（西门子 MM430 为风机水泵专用变频器），这种变频器在某一特定方面性能突出。通用变频器中的大容量变频器主要用于冶金工业的一些低速场合；常见的中小容量变频器主要用于风机、水泵及生产机械上。

2. 变频器的基本功能

变频器通常采用微处理器作为主控单元，一般具有以下基本功能：

（1）保护功能：通用变频器一般具有欠电压保护、过电压保护、过载保护、接地故障保护、短路保护、电动机失步保护、电动机堵转保护、电动机过热保护、变频器过热保护、电动机缺相保护等功能。

（2）运行控制功能：通用变频器可完成正转、反转、停止、复位和制动等功能。

（3）频率设定功能：通用变频器具有运行频率设定、基准频率设定、多段速功能设定、最高/低频率设定等功能。

（4）加减速时间、加减速模式的设定功能：通用变频器可根据负载情况进行加减速时间和加减速模式的设定，确保变频器平滑启动和停止。

（5）转矩提升（补偿）功能：又称为自动电压调整功能，其目的是在电动机低速运行

时对其输出转矩进行补偿。

（6）防失速功能：包括电动机在加速、恒速、减速过程中的三种防失速功能。

（7）PID 控制功能：部分变频器具备 PID 或 PI 功能，用于 PID 控制。

3. 西门子 MM420 变频器初识

MicroMaster 420（以下简称为 MM420）是德国西门子公司 MM4 系列中一款通用型变频器，主要用于三相交流电动机调速控制，适合于各种变速驱动装置，包括水泵、风机、传送带、材料运输机和机床驱动等。

MM420 有多个型号，从单相电源电压、额定功率 120 W 到三相电源电压、额定功率 11 kW 可供用户选用，从额定输出功率和外形上尺寸上可分为 A 型、B 型和 C 型，如图 5-7 所示。

图 5-7　A、B、C 型 MM420 变频器

MM420 变频器的特点：

（1）MM420 变频器由微处理器控制，采用绝缘栅双极性晶体管（ICBT）作为功率输出部件，具有很高的运行可靠性和功能的多样性。

（2）MM420 具有默认的工厂设置参数，可在简单的电动机控制系统中直接使用。此外，通过设置相关参数以后，也可用于更高级的电动机控制系统。MM420 既可用于单独驱动系统，也可集成到自动化系统中。

（3）由于 MM420 变频器采用模块化的结构设计，因而组态具有最大的灵活性，面板和通信模块不使用任何工具即可非常方便地用手进行更换。此外，其可另提供多种配件供选用。

（4）接口资源包括：三个完全可编程的隔离的数字输入；一个可标定的 0~10 V 模拟输入（也可以作为第 4 个数字输入）；一个可编程的模拟输出（0~20 mA）；一个完全可编程的继电器输出（30 V、直流/5 A 电阻负载或 250 V、交流/2 A 感性负载）。

（5）其脉冲宽度调制的开关频率是可选的，降低了电动机运行的噪声。

（6）全面而完善的保护功能，为变频器和电动机提供了良好的保护。

学习任务 5.7　变频器的安装与参数设置

1. MM420 变频器的结构

MM420 变频器的结构框图如图 5-8 所示。变频器的内部电路由主电路和控制电路两部分组成。

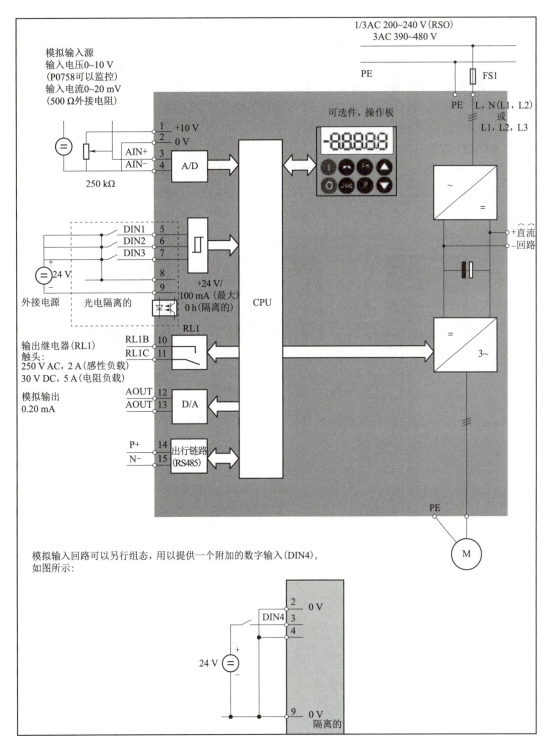

图 5-8 MM420 的结构功能框图

变频器主电路的作用是实现电能转换：电源输入的单相交流电或三相交流电（L1/L2/L3/PE 或 LN）经整流电路转换为直流电，再经过电容滤波后，供给逆变电路；逆变电路在 CPU 的控制下，将直流电逆变成电压和频率可调的三相交流电，提供给电动机（变频器到电动机的功率端口 U、V、W）。MM420 变频器是典型的交—直—交型变频器。

变频器的控制电路由 CPU、一个高精度的 10 V 电源（1、2）、一个 0~10 V 的模拟输入（3、4）、一个 0~20 mA 的模拟输出（12、13）、三个数字输入（5~9）、一个继电器输出（30 V、直流/5 A 电阻负载或 250 V、交流/2 A 感性负载）（10、11）及一个 RS485 串行通信接口（14、15）组成。CPU 采集输入信号并结合参数，控制变频器主电路输出及输出口并完成通信。

1）MM420 的操作面板的更换

MM420 的操作面板为用户提供了运行控制、状态显示和参数修改的交互途径。MM420 变频器在标准供货方式时，装有状态显示板（SDP），结合默认的参数设置，可以满足大部分需求。此外，另有基本操作板 BOP、高级操作面板 AOP、亚洲高级操作面板（支持中文）AAOP 供用户选购。如图 5-9 所示。

SDP
状态显示板

BOP
基本操作板

AOP
高级操作板

图 5-9　MM420 变频器面板

MM420 变频器采用了模块化结构设计，可以很方便地用手完成面板的更换。操作面板的拆卸与更换步骤如图 5-10 所示。

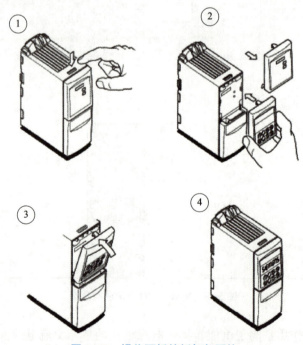

图 5-10　操作面板的拆卸与更换

按下变频器顶部的锁扣按钮，向外拔出操作面板就可以将操作面板卸下，然后将要更换的操作面板下部的卡子放在机壳上的槽内，再将面板上部的卡子对准锁扣，轻轻推进去，听到咔的一声轻响，新的面板就被固定在变频器上了。

2）MM420 的接口电路

MM420 接口的接线端子在机壳盖板下面。机壳盖板的拆卸方法如下：

A 型变频器的机壳盖板，可以在卸下操作面板后，将机壳盖板向下方推动，再拔起，就可以将其从固定槽中卸下，如图 5-11 所示。

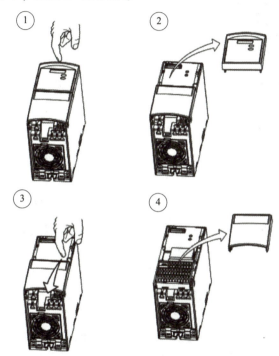

图 5-11 A 型机壳盖板的拆卸

若是 B 型或 C 型变频器，则卸下这部分机壳盖板后，还要将剩余的机壳盖板部分向左右两侧掰开，将其从机体上卸下，才能最终完成变频器机壳盖板的拆卸工作。

拆下机壳盖板后可以看到 MM420 变频器的接线端子，其标记及功能如图 5-12 所示。

2. MM420 变频器的安装接线要求

1）安装环境要求

为确保变频器能够长期安全可靠地运行，变频器应该在符合要求的环境中工作，并在安装和接线的过程中符合一定的规范。变频器应安装在远离电磁辐射源、不受阳光直射、无灰尘、无腐蚀气体、无可燃气体、无油污、无蒸气、无水等环境中，另对温度、湿度和海拔也有一定的要求。

2）温度、湿度

周围湿度：变频器工作环境的相对湿度为 20%～90%（无结露、冰冻现象）。

周围温度：MM420 变频器在-10～+50 ℃可正常工作，-50～+60 ℃之间应降额使用。温度过高或温差过大的环境变化会导致频器的绝缘性降低，影响变频器的使用寿命。

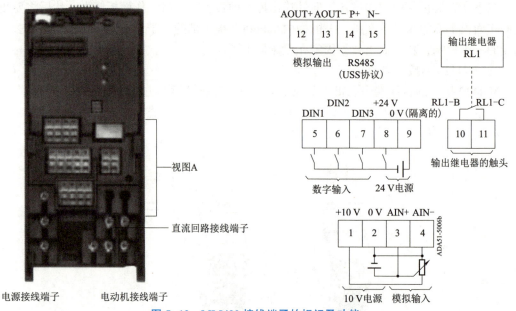

图 5-12　MM420 接线端子的标记及功能

3）海拔高度

海拔过高时，气压下降，容易破坏电气绝缘。变频器安装的海拔高度应低于 1 000 m。高于规定海拔高度的场合，变频器要降额使用。

注意：变频器的安装和使用中，不允许变频器遭受突然的撞击，比如掉到地上。

4）机械安装要求

变频器可以采用挂壁式安装或柜式安装。

挂壁式安装：指使用螺丝直接将变频器固定在安装面上。安装时要注意周围应留有一定的空间（左右两侧各留大于 100 mm 的空间，上下大于 150 mm），为了防止杂物掉进变频器的出风口阻塞风道，在变频器出风口的上方最好安装挡板。

柜式安装：将变频器和其他电气元件一起安装在变频器柜里，该方式可以减少现场灰尘和湿度对设备的影响，并能在一定程度上降低电磁干扰。柜式安装要注意采取冷却、通风措施，防止柜内温度过高。柜式安装可以使用导轨的固定方式。

A 型号变频器 DIN 导轨的安装和拆卸方法如下（使用 35 mm 的标准导轨）：

（1）安装变频器：首先用导轨的上闩销把变频器固定到导轨的安装位置上，然后向导轨上按压变频器，直到导轨的下闩销嵌入到位，如图 5-13 所示。

（2）拆卸变频器：为了松开变频器的释放机构，首先将螺钉刀插入释放机构中，然后用手握住变频器向下施加压力，导轨的下闩销就会松开，再将变频器从导轨上取下。

变频器机械安装注意事项：

（1）变频器不得卧式安装，安装时要避免变频器受冲击和跌落。

（2）变频器顶上或底部必须保留至少 100 mm 的间隙，确保冷却通道的畅通。

（3）变频器安装底板必须为耐热材料，变频器上部不可有木板等易燃材料。

（4）对于采用强迫风冷的变频器，为防止外部灰尘吸入，应在吸入口设置空气过滤器，在门扉部设置屏蔽垫。

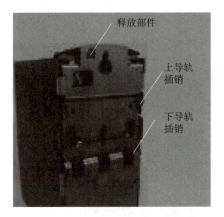

图 5-13　MM420A 型变频器导轨的固定方式

（5）为确保冷却风道畅通，电缆配线槽不要堵住机壳上的散热孔。

（6）多台变频器邻近并排安装时，其间必须留有足够的距离（不小于 50 cm）。

（7）变频器必须可靠接地。

5）电气安装要求

变频器进行电气连接时的注意事项如下：

（1）在连接变频器或改变变频器接线之前，必须断开电源，保证变频器放电完毕（约 5 min），再开始安装工作。

（2）变频器可以在供电电源中性点不接地的情况下运行，而且当输入线中有一相接地短路时仍可继续运行。如果输出线有一相接地，则 MM420 将跳闸，并显示故障码 F0001。电源（中性点）不接地时需要从变频器中拆掉丫形接线的电容器，并安装输出电抗器（操作方法见手册）。

（3）接地端子（PE）。为保证安全，变频器和电动机必须接地，接地电阻应小于 10 Ω。如果是多台变频器接地，则各变频器应分别和大地相连，切勿使接地线形成回路，如图 5-14 所示。

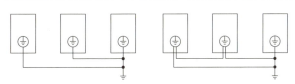

图 5-14　正确的接地方式

（4）确定电动机与电源电压的匹配是正确的，不允许把单相/三相 230 V 的 MM420 变频器连接到电压更高的 400 V 三相电源。

（5）直流电抗器连接端子接改善功率因数用的直流电抗器，端子上连接有短路导体，使用直流电抗器时，先要取出此短路导体。

（6）变频器的控制电缆、电源电缆及与电动机连接电缆的走线必须相互隔离，不要把它们放在同一个电缆线槽中或电缆架上。

（7）电源电缆与电动机电缆和变频器相应的接线端子连接好以后，在接通电源时必须确信变频器的盖子已经盖好。

注意：不要用高压绝缘测试设备测试与变频器连接的电缆的绝缘。

3. MM420 变频器接线要求

1）变频器主电路接线

卸下变频器的操作面板，打开变频器的前端盖板，就会看到变频器的端子（见图 5-12），其下部的端子就是与电源和电动机连接的功率端子（见图 5-15），用于变频器与电源和电动机的接线。

图 5-15　MM420 变频器的功率端子

电动机和电源的接线方法如图 5-16 所示。

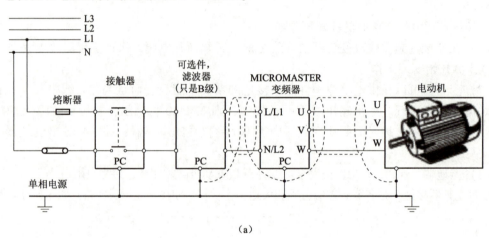

（a）

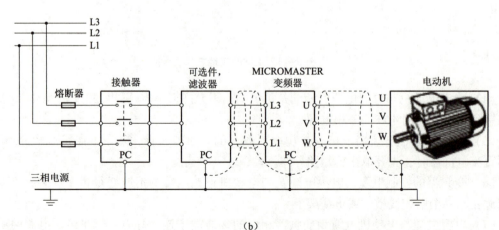

（b）

图 5-16　电动机和电源的接线方法

（a）单相电源安装方法；（b）三相电源安装方法

变频器主电路接线的注意事项如下：

（1）在连接变频器或改变变频器接线之前，必须断开电源。

（2）供电电源可以是单相交流，也可以是三相交流。

（3）确定电动机与电源电压的匹配是正确的，不允许把单相/三相230 V的变频器连接到电压更高的400 V三相电源。

（4）根据GB 5226.1—2008中13.2.5对颜色标识导线的规定：黑色为交流和直流动力回路；红色为交流控制回路；蓝色为直流控制回路。

（5）变频器和电源之间应接入与其额定电流相对应的熔断器或带短路、漏电保护的断路器，动力回路、保护接地线不小于2.5 mm²。

（6）三相交流电源绝对不能直接接到变频器输出端子，否则将导致变频器内部器件损坏。

2）变频器控制电路接线

MM420控制电路输入输出端口的接线应注意以下问题：

（1）控制线与主回路电缆铺设。

变频器控制线与主回路电缆或其他电力电缆分开铺设，且尽量远离主电路100 mm以上；尽量不与主电路电缆平行铺设，不与主电路交叉，必须交叉时，应采取垂直交叉的方法。

（2）控制线截面积要求。

单股导线不小于1.5 mm²；多股导线不小于1.0 mm²；弱电回路不小于0.5 mm²。

（3）控制回路的接地。

弱电压电流回路的电线取一点接地，接地线不作为传送信号的电路使用；电线的接地在变频器侧进行，使用专设的接地端子，不与其他的接地端子共用。

（4）电缆的屏蔽。

变频器电缆的屏蔽可利用已接地的金属管或者带屏蔽的电缆。屏蔽层一端变频器控制电路的公共端（COM），但不要接到变频器地端（E），屏蔽层另一端悬空。

变频器开关量控制线允许不使用屏蔽线，但同一信号的两根线必须互相绞在一起，绞合线的绞合间距应尽可能小，并将屏蔽层接在变频器的接地端E上，信号线电缆最长不得超过50 m。

注意：电源电缆和电动机电缆与变频器相应接线端子连接好以后，在接通电源时必须确信变频器的盖子已经盖好。

（5）电磁EMI和防雷措施

变频器的设计允许它在具有很强电磁干扰的工业环境下运行。通常，如果安装的质量良好，就可以确保变频器安全和无故障的运行。变频器装置的防雷击措施是确保变频器安全运行的另一重要外设措施，特别是在雷电活跃地区或活跃季节，这一问题尤为重要。

学习任务5.8　MM420变频器的调试

1. 调试工具

安装好的变频器在使用前通常需要进行调试。对于简单的应用，使用SDP和出厂默认参数就可以完成调试，投入运行。如果需要修改参数，则可以选购 BOP、AOP、AAOP 面板进行，或使用 PCIBN 工具"Drive Monitor"或"STARTER"来调整参数和完成调试。

MM420 的调试主要有以下几种：

1）参数复位

在变频器首次调试或参数混乱时可以进行参数复位，复位后变频器的参数将恢复出厂设置。

2）快速调试

输入电动机相关的铭牌数据和一些基本驱动控制参数，使变频器可以良好地驱动电动机运转。一般在参数复位操作后，或者更换电动机后需要进行此操作。

3）静态识别

为了取得良好的控制效果，必须进行电动机参数的静态识别，以构建准确的电动机模型。

4）动态优化

当使用矢量控制方式时，变频器做静态识别后可选择进行动态优化，以检测电动机转动惯量和优化速度环参数。在进行动态优化时，电动机会以不同的转速旋转来优化速度控制器。

5）功能调试

功能调试是为设置变频器的控制功能进行的参数设置和调试。

2. 使用 BOP 操作面板的 MM420 调试

1）BOP 操作面板的功能

使用基本操作面板（BOP）可以改变变频器的参数，为了利用 BOP 设定参数，必须先拆下 SDP，并装上 BOP 面板。变频器加上电源时，也可以把 BOP 面板装到变频器上，或从变频器上将 BOP 面板拆卸下来。如果 BOP 面板已经设置为 I/O 控制（P0700 = 1），则在拆卸 BOP 面板时，变频器驱动装置将自动停车。

基本操作面板（BOP）外观如图 5-17 所示，面板具有 7 段显示的五位数字，可以显示报警与故障信息以及参数的设定值和实际值等。

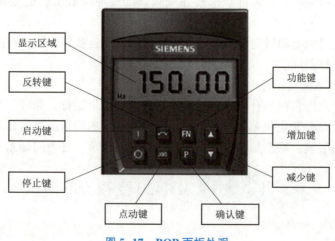

图 5-17 BOP 面板外观

使用 BOP 面板进行调试，首先要熟悉按键的操作和参数设置方法。基本操作面板（BOP）的按键及功能见表 5-2。

表 5-2　基本操作面板（BOP）的按键及功能

显示/按钮	功能	功能的说明
r0000	状态显示	LCD 显示变频器当前的设定值
I	启动变频器	按此键启动变频器。默认值运行时此键是被封锁的。为了使此键的操作有效，应设定 P0700=1
0	停止变频器	OFF1：按此键，变频器将按选定的斜坡下降速率减速停车。默认值运行时此键被封锁；为了允许此键操作，应设定 P0700=1。 OFF2：按此键两次（或一次，但时间较长），电动机将在惯性作用下自由停车。此功能总是"使能"的
↻	改变电动机的转动方向	按此键可以改变电动机的转动方向。电动机的反向用负号（-）或用闪烁的小数点表示。默认值运行时此键是被封锁的，为了使此键的操作有效，应设定 P0700=1
jog	电动机点动	在变频器无输出的情况下按此键，将使电动机启动，并按预设定的点动频率运行。释放此键时，变频器停车。如果变频器/电动机正在运行，则按此键将不起作用
Fn	功能切换键	此键用于浏览辅助信息。 变频器运行过程中，在显示任何一个参数时按下此键并保持不动 2 s，将显示以下参数值（在变频器运行中，从任何一个参数开始）： 1. 直流回路电压（用 d 表示，单位：V）。 2. 输出电流（A）。 3. 输出频率（Hz）。 4. 输出电压（用 o 表示，单位：V）。 5. 由 P0005 选定的数值［如果 P0005 选择显示上述参数中的任何一个（3，4，或 5），则这里将不再显示］。 连续多次按下此键，将轮流显示以上参数。 跳转功能：在显示任何一个参数（r××××或 P××××）时，短时间按下此键，将立即跳转到 r0000，如果需要的话，可以接着修改其他的参数。跳转到 r0000 后，按此键将返回原来的显示点
P	访问参数	按此键即可访问参数
▲	增加数值	按此键即可增加面板上显示的参数数值
▼	减少数值	按此键即可减少面板上显示的参数数值

使用 BOP 面板改变参数 P0004 值的方法和步骤见表 5-3，按照这个图表中说明的类似方法，可以用 BOP 面板设定变频器其他参数。

表 5-3 改变参数 P0004 参数过滤功能

操作步骤	显示结果
1. 按 P 键访问参数	r0000
2. 按 ▲ 键直到显示出 P0004	P0004
3. 按 P 键进入参数数值访问级	0
4. 按 ▲ 或 ▼ 键达到所需要的数值	3
5. 按 P 键确认并存储参数的数值	P0004
注：使用者只能看到命令参数	

说明：修改参数时有时会出现忙碌信息，BOP 会显示 P----，这表明变频器此时正在忙于处理优先级更高的任务。

2）MM420 变频器的参数说明

MM420 变频器的参数用 0000 到 9999 的 4 位数字编号，参数可以分为显示参数和设定参数两大类。显示参数为只读参数，以 r×××× 表示，值不可以更改。典型的显示参数为频率给定值、实际输出电压、实际输出电流等。设定参数为可读写的参数，以 P×××× 表示。变频器的参数有四个用户访问级，即"1"标准级、"2"扩展级、"3"专家级和"4"维修级。访问的等级由参数 P0003 来选择，对于大多数应用对象，只要访问标准级（P0003 = 1）和扩展级（P0003 = 2）参数就足够了。

3）使用 BOP 面板的 MM420 调试

使用 BOP 面板的 MM420 调试需要在变频器上电后进行。上电前，应确认变频器的机械和电气安装正确，并查看变频器频率设置 DIP 开关设定（见图 5-18）的频率与电源频率（我国工频电源为 50 Hz）一致后，才可上电调试。

设定电源频率的DIP开关

图 5-18 电源频率设置 DIP 开关

电源频率设置 DIP 有 DIP 开关 1 和 DIP 开关 2 两个开关。DIP 开关 1：不供用户使用。DIP 开关 2：在"OFF"位置时，设定为欧洲地区默认值（50 Hz，功率单位为 kW）；在"ON"位置时，设定为北美地区默认值（60 Hz，功率单位为 hp[①]）。上电后，可依据需要来修改参数，进行调试。

4）参数复位

参数复位要在变频器停车的状态下进行。按照图 5-19 所示步骤设置参数，即可完成参数复位，完成复位过程至少要 3 min。

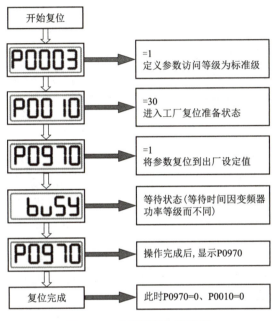

图 5-19　变频器的复位流程

5）快速调试

变频器出厂时已按相同额定功率的西门子四极标准电动机的常规应用对象进行编程。如果用户采用的是其他型号的电动机或更换电动机，就必须输入电动机铭牌上的规格数据，进行参数的设置和快速调试。快速调试需要输入电动机相关的铭牌数据和一些基本驱动控制参数。使用 BOP 面板进行快速调试时，默认设置值见表 5-4。

表 5-4　用 BOP 面板操作时的默认设置值

参数	说明	默认值，欧洲（或北美）地区
P0100	运行方式，欧洲/北美	50 Hz（60 Hz）
P0307	功率（电动机额定值）	由电动机铭牌设定，kW（hp）
P0310	电动机的额定频率	50 Hz（60 Hz）
P0311	电动机的额定速度	1 395（1 680）r/min［决定于变量］
P1082	最大电动机频率	50 Hz（60 Hz）

---

① 　1 hp = 0.746 kW。

MM420变频器快速调试流程如图5-20所示。

图 5-20 MM420 变频器快速调试流程

当选择 P0010=1（快速调试）时，P0010 的参数过滤功能和 P0003 选择用户访问级别的功能在调试时是十分重要的，由此可以选定一组允许进行快速调试的参数。在快速调试的所有步骤都已完成以后，应设定 P3900=1，以便进行必要的电动机数据的计算，并将其他所有的参数（不包括 P0010=1）恢复到它们的默认设置值。

使用 BOP 控制 MM420 变频器运行的常规操作如下：

P0010 为 "0" 值，使电动机进入运行状态。运行中的变频器可以使用 BOP/AOP 进行基本运行控制操作。选择用 BOP 的常规操作应设置以下参数，见表 5-5。

表 5-5　P0010、P0700、P1000 参数表

参数代码	功能	设定数据
P0010	调试参数过滤器：0 准备；1 快速调试；2 变频器；29 下载；30 工厂的默认设定值	0
P0700	选择命令源：0 工厂的默认设置；1 BOP（键盘）设置；2 由端子排输入；4 通过 BOP 链路的 USS 设置；5 通过 COM 链路的 USS 设置；6 通过 COM 链路的通信板（CB）设置	1
P1000	频率设定值的选择：0 无主设定值；1 MOP 设定值；2 模拟设定值；3 固定频率；4 通过 BOP 链路的 USS 设定；5 通过 COM 链路的 USS 设定；6 通过 COM 链路的 CB 设定	1

按下绿色按钮 ⬛，启动电动机。按下"数值增加"按钮 ⬛，电动机转动，其频率逐渐增加到 50 Hz。当变频器的输出频率达到 50 Hz 时，按下"数值降低"按钮 ⬛，电动机的速度及其显示值逐渐下降。用 ⬛ 按钮可以改变电动机的转动方向。按下红色按钮 ⬛，电动机停车。

6）故障排除

利用基本操作面板（BOP）排障，如果面板上显示的是报警码 A××××或故障码 F××××，则查阅 MM420 变频器手册 6.3 节的报警和故障信息。如果"ON"命令发出以后电动机不启动，则检查以下各项：

（1）检查是否为 P0010=0。

（2）检查给出的"ON"信号是否正常。

（3）检查是否为 P0700=2（数字输入控制）或 P0700=1（用 BOP 进行控制）。

（4）根据设定信号源（P1000）的不同，检查设定值是否存在（端子 3 上应有 0 到 10 V）或输入的频率设定值参数号是否正确。

如果在改变参数后电动机仍然不启动，则设定 P0010=30 和 P0970=1，并按下 P 键，此时，变频器应复位到工厂设定的默认参数值，在控制板面上的端子 5 和 8 之间用开关接通，则驱动装置应运行在与模拟输入相应的设定频率。

提示：电动机的功率和电压数据必须与变频器的数据相对应。

学习任务 5.9　变频调速控制电路的安装与调试

1. 变频器输出频率控制方式

MM420 变频器的变频调速功能可通过多种控制方式得以实现，通常根据控制信号的类型与信号来源进行不同的外围接线方式与参数的设置。对于变频调速输出频率控制主要有以下四种方式：

1）操作面板控制方式

其是通过操作面板上的按键手动改变输出频率的一种操作方式。具体操作方法有两种：一是按面板上频率上升或频率下降的按钮，调节输出频率；另一种方法是通过直接设定频率

数值调节输出频率。

2）使用外部输入数字量端子选择频率的操作方式

该方式通过将数字量端子 DINI、DIN2、DIN3 设置成频率选择功能，并通过参数设置对应的频率，使变频器可以输出多种组合频率，该方式也叫固定频率或多段速方式。其端子的状态改变可通过机外设备，如主令电器或 PLC 控制实现。

3）外部输入端子模拟量频率选择操作方式

为了方便与输出量为模拟电流或电压的调节器、控制器的连接，变频器还设有模拟量输入端，其中 AIN+端为电压模拟量的正极，AIN-端为电压模拟量的负极。该方式可输出类似于无级调速的频率。

4）通信数操作方式

变频器一般都设有通信接口，可以通过通信方式接收频率变化指令，以便于频率的控制、反馈信息及达到系统集成的交互。一些变频器厂家还为变频器和 PLC 产品设计了专用的通信协议，如西门子公司的 USS 协议即是 MM420 系列变频器的专用通信协议。

2. 使用外部输入数字量端子选择频率的操作方式

本任务使用外部输入端子实现多段速调速，即通过外部数字端子 DIN1、DIN2 与 DIN3 的接通和断开状态来选定频率输出，实现调速。当将外部数字端子的功能参数（P0701、P0702 和 P0703）设置成 15、16、17 时，端子即被定义了多段速工作模式，三个值的功能区别如下：

1）直接选择（P0701-P0703 = 15）

在这种操作方式下，一个数字输入选择一个固定频率，如果有几个固定频率输入同时被激活，则选定的频率是它们的总和，例如，FF1+FF2+FF3。

2）直接选择+"ON"命令（P0701-P0703 = 16）

选择固定频率时，既有选定的固定频率，又带有"ON"命令，把它们组合在一起，在这种操作方式下，一个数字输入选择一个固定频率。如果有几个固定频率输入同时被激活，则选定的频率是它们的总和，例如，FF1+FF2+FF3。

3）二进制编码的十进制数（BCD 码）选择+"ON"命令（P0701-P0703 = 17）

使用这种方法最多可以选择 7 个固定频率，各个固定频率的数值根据表 5-6 选择。

表 5-6　端子状态组合对应的频率参数

频率值参数	运行频率	DIN3 端子 7	DIN2 端子 6	DIN1 端子 5
—	OFF	0	0	0
P1001	FF1	0	0	1
P1002	FF2	0	1	0
P1003	FF3	0	1	1
P1004	FF4	1	0	0
P1005	FF5	1	0	1
P1006	FF6	1	1	0
P1007	FF7	1	1	1

3. 变频器外围线路

图 5-21 所示为数字输入端子多段速调速电路，即使用三个开关改变 DIN1、DIN2 和 DIN3 的状态，组合选定多个输出频率。在需要经常改变速度的生产工艺或机械设备中，如果使用 PLC 来控制数字量输入端状态，则更加灵活、便利。

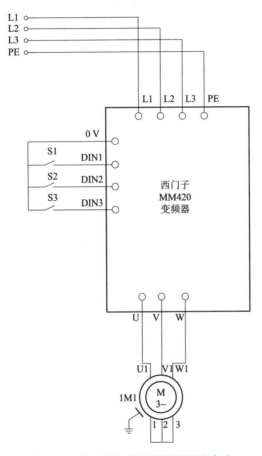

图 5-21　数字输入端子多段速调速电路

4. 变频器参数设置及调试

1）参数的设置

以固定频率设定值（二进制编码的十进制数（BCD 码）选择+ON 命令）（功能参数 = 17）为例，相关的参数设置见表 5-7。

表 5-7　数字量端子控制电动机正反转参数设置

序号	参数号	默认值	设定值	功能说明
1	P0304	230	380	电动机的额定电压（以 380 V 为例）
2	P0305	3.25	0.35	电动机的额定电流（以 0.35 A 为例）
3	P0307	0.75	0.06	电动机的额定功率（以 60 W 为例）

序号	参数号	默认值	设定值	功能说明
4	P0310	50.0	50.0	电动机的额定频率（以 50 Hz 为例）
5	P0311	0	1430	电动机的额定转速（以 1 430 r/min 为例）
6	P1000	2	1	用 BOP 面板控制频率的升降
7	P1080	0	0	电动机的最小频率（0 Hz）
8	P1082	50	50	电动机的最大频率（0 Hz）
9	P1120	10	10	斜坡上升时间（10 s）
10	P1121	10	10	斜坡下降时间（10 s）
11	P0700	2	2	选择命令源为数字端子输入
12	P0701	1	17	ON/OFF（接通正转/停车命令）
13	P0702	12	17	反转
14	P0703	9	17	OFF3（停车命令）按斜坡函数曲线快速降速停车
15	P1001	0.00	5.00	固定频率 1
16	P1002	5.00	10.00	固定频率 2
17	P1003	10.00	20.00	固定频率 3
18	P1004	15.00	30.00	固定频率 4
19	P1005	20.00	40.00	固定频率 5
20	P1006	25.00	45.00	固定频率 6
21	P1007	30.00	50.00	固定频率 7

电动机多段速控制的参数设定见表 5-8。

表 5-8　电动机多段速控制的参数设定

参数代码	功能	设定数据
P0701	数字输入 1 的功能：0 禁止数字输入；1 ON/OFF1（接通正转／停车命令 1）；2 ON reverse /OFF1（接通反转／停车命令 1）；3 OFF2（停车命令 2）-按惯性自由停车；4 OFF3（停车命令 3）-按斜坡函数曲线快速降速停车；9 故障确认；10 正向点动；11 反向点动；12 反转；13 MOP（电动电位计）升速（增加频率）；14 MOP 降速（减少频率）；15 固定频率设定值（直接选择）；16 固定频率设定值（直接选择+"ON"命令）；17 固定频率设定值［二进制编码的十进制数（BCD 码）选择+"ON"命令］；21 机旁/远程控制；25 直流注入制动；29 由外部信号触发跳闸；33 禁止附加频率设定值；99 使能 BICO 参数化	17 Hz
P0702	数字输入 2 的功能：0 禁止数字输入；1 ON/OFF1（接通正转／停车命令 1）；2 ON reverse /OFF1（接通反转／停车命令 1）；3 OFF2（停车命令 2）-按惯性自由停车；4 OFF3（停车命令 3）-按斜坡函数曲线快速降速停车；9 故障确认；10 正向点动；11 反向点动；12 反转；13 MOP（电动电位计）升速（增加频率）；14 MOP 降速（减少频率）；15 固定频率设定值（直接选择）；16 固定频率设定值（直接选择+"ON"命令）；17 固定频率设定值［二进制编码的十进制数（BCD 码）选择+"ON"命令］；21 机旁/远程控制；25 直流注入制动；29 由外部信号触发跳闸；33 禁止附加频率设定值；99 使能 BICO 参数化	17 Hz

参数代码	功能	设定数据
P0703	数字输入3的功能：0 禁止数字输入；1 ON/OFF1（接通正转／停车命令1）；2 ON reverse /OFF1（接通反转／停车命令1）；3 OFF2（停车命令2）-按惯性自由停车；4 OFF3（停车命令3）-按斜坡函数曲线快速降速停车；9 故障确认；10 正向点动；11 反向点动；12 反转；13 MOP（电动电位计）升速（增加频率）；14 MOP 降速（减少频率）；15 固定频率设定值（直接选择）；16 固定频率设定值（直接选择+"ON"命令）；17 固定频率设定值 [二进制编码的十进制数（BCD 码）选择+"ON"命令]；21 机旁/远程控制；25 直流注入制动；29 由外部信号触发跳闸；33 禁止附加频率设定值；99 使能 BICO 参数化	17 Hz
P1001	固定频率1：最小值为-650.00；默认值为5.00；最大值为650.00。单位：Hz。为了使用固定频率功能，需要用 P1000 选择固定频率的操作方式。 1. 直接选择； 2. 直接选择+"ON"命令； 3. 二进制编码选择+"ON"命令： （1）直接选择（P0701-P0703=15）； （2）直接选择+"ON"命令（P0701-P0703=16）； （3）二进制编码的十进制数（BCD 码）选择+"ON"命令（P0701-P0703=17），使用这种方法最多可以选择7个固定频率	5 Hz

		DIN3	DIN2	DIN1
	OFF	不激活	不激活	不激活
P1001	FF1	不激活	不激活	激活
P1002	FF2	不激活	激活	不激活
P1003	FF3	不激活	激活	激活
P1004	FF4	激活	不激活	不激活
P1005	FF5	激活	不激活	激活
P1006	FF6	激活	激活	不激活
P1007	FF7	激活	激活	激活

参数代码	功能	设定数据
P1002	固定频率2，请参看参数 P1001（固定频率1）	10 Hz
P1003	固定频率3，请参看参数 P1001（固定频率1）	20 Hz
P1004	固定频率4，请参看参数 P1001（固定频率1）	30 Hz
P1005	固定频率5，请参看参数 P1001（固定频率1）	40 Hz
P1006	固定频率6，请参看参数 P1001（固定频率1）	45 Hz
P1007	固定频率7，请参看参数 P1001（固定频率1）	50 Hz

2）调试

如有需要（参数混乱），应首先进行变频器参数复位，相关内容参见图5-19。

如有需要（电动机更换），应进行快速调试，相关内容参见图5-20。

参照表5-7设定参数，进行功能调试。注意参数设置时，应首先将 P0010 设置成1，设置完成后，P0010 设置成0，为运行做好准备。

变频器运行后，操作开关"K1""K2""K3"的通断，进行多种组合，观察频率变化，观察并记录变频器输出频率的变化和电动机的运转情况。

任务工单 5.1 双速电机调速控制电路的安装与调试

【任务介绍】

班级：		组别：	姓名：		日期：	
工作任务		双速电动机调速控制电路的安装与调试			分数：	
任务描述：						

任务描述：
1. 交流接触器、马达保护断路器、中间继电器、复合按钮等低压电器的选用；
2. 剥线钳、压线钳、验电笔、万用表等常用电工工量具的操作；
3. 双速电动机调速控制电路原理图识读与分析，线路安装、接线、检测与调试

序号	任务内容	是否完成
1	验电笔、剥线钳、压线钳、万用表、线号机等工量具使用	
2	测试中间继电器	
3	分析工作台自动往返控制电路的工作过程	
4	列元器件清单，准备元器件	
5	绘制电气元件布置图	
6	绘制电气安装接线图	
7	安装与接线	
8	线路检测、调试与排故	
9	工量具、元器件等现场 5S 管理	

【任务分析】

1. 双速电动机调速控制电路是通过（   ）自动实现电动机的正反转切换运行的。

（A）速度继电器　　　（B）中间继电器　　　（C）时间继电器　　　（D）热继电器

2. 电气原理图中 F4 的作用是（   ）。

（A）短路保护　　　　　　　　　　　（B）过载保护

（C）短路和过载保护　　　　　　　　（D）漏电检测

3. 控制电路中 KA 常闭触点的作用是（   ）。

（A）使 KT 线圈失电，并开始延时计时　　　（B）使 Q3 线圈失电

（C）保持 Q3 线圈得电　　　　　　　　　　　（D）保持 Q2 线圈得电

4. 控制电路中 S1 的作用是（   ）。

（A）停止　　　　（B）正转　　　　（C）切换　　　　（D）反转

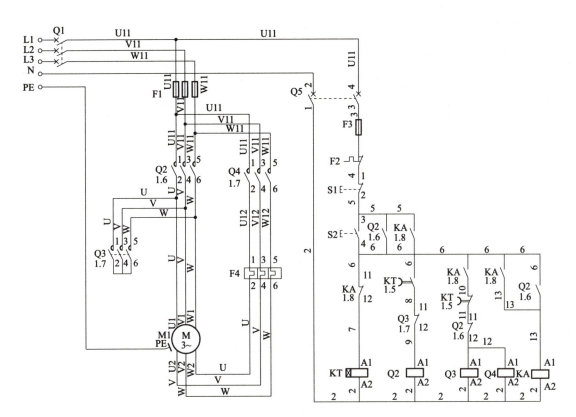

5. 双速电动机调速控制电路中有哪些互锁？分别是什么？

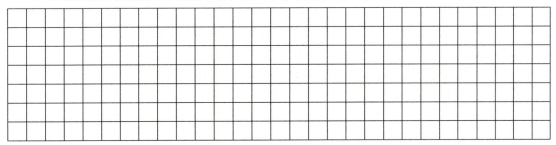

【任务准备】

1. 列元器件清单。

序号	电气符号	名称	数量	规格
1	Q1、Q5			
2	F1、F3			
3	S1、S2			
4	KA			
5	Q2、Q3、Q4			
6	F4			
7	KT			
8	M1			

2. 绘制电气布置图。

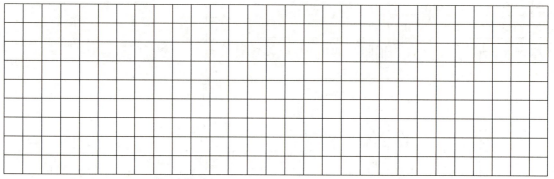

3. 绘制电气安装接线图。

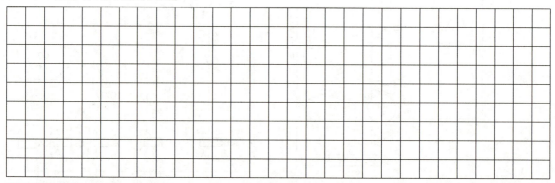

【任务实施】

1. 按规范安装与接线。

具体的元件安装步骤可归纳为：选取元件→检查元件→阅读安装说明书→选配安装工具→横平竖直安装。

具体的接线步骤可归纳为：打线号→剪导线→剥导线→套号管→套端子→压端子→剪余线→插端子→紧螺丝→走线槽。

2. 线路测试。

（1）测量接地电阻和绝缘电阻，检查标准：DIN VDE 0100-0600。

量具	测量点 1	测量点 2	测量值	DIN VDE 规定值
万用表/多功能测量仪	航空插头 PE 点	控制柜 PE 点	（　）Ω	≤0.3 Ω
		控制柜安装板 PE 点	（　）Ω	
		控制柜柜门 PE 点	（　）Ω	
		电动机 PE 点	（　）Ω	
测量	测量点 1	测量点 2	测量值	DIN VDE 规定值
绝缘电阻 380 V/220 V	XT-L1	XT-PE	（　）MΩ	≥1 MΩ
	XT-L2	XT-PE	（　）MΩ	
	XT-L3	XT-PE	（　）MΩ	
	XT-N	XT-PE	（　）MΩ	

（2）功能测量。

	电路名称	动作指示	测试点 1	测试点 2	万用表测导通
不上电情况	主电路	无动作 （常态）	U11	U1	
			V11	V1	
			W11	W1	
		按 Q2 测试按钮	U11	U1	
			V11	V1	
			W11	W1	
		按 Q3 或 Q4 测试按钮	U11	W2	
			V11	U2	
			W11	V2	
	控制电路	常态	2	3	
		按 S1 开关	2	3	
		按 S2 开关	2	3	
		按 S2 或 S3 开关	2	3	
		按 Q2 测试按钮	2	3	
		按 Q3 或 Q4 测试按钮	2	3	
		按 Q2 或 Q3 或 Q4 测试按钮	2	3	
上电后情况	主电路 状况描述				
	控制电路 状况描述				

【检查评估】

按评分标准实施互评和师评。

1. 目检

检查内容	评分标准	配分	得分
器件选型	时间继电器、交流接触器、马达保护断路器选择不对，每项扣 4 分；空气开关、按钮、接线端子选择不对，每项扣 2 分	10	
导线连接	接点松动、接头露铜过长、压绝缘层，每处扣 2 分	10	
选线与布线	导线型号、截面积、颜色选择不正确，导线绝缘或线芯损伤，线号标识不清楚、遗漏或误标，布线不美观，每处扣 2 分	10	

2. 测量

检查内容	评分标准	配分	得分
接地保护线	PE 接点之间的电阻测量值与标准值的误差超过±5%，每处扣 2 分	10	
绝缘电阻	测量值没有达到无穷大，扣 6 分	6	
脱扣电流、脱扣时间	脱扣电流和脱扣时间的测量值不符合标准值，每种情况扣 2 分	4	

3. 通电试验

检查内容	评分标准	配分	得分
主电路功能	主电路缺相扣 5 分，短路扣 10 分	10	
控制电路功能	启停、自锁、互锁、时间继电器换接功能缺失，每项扣 5 分	20	
通电成功性	1 次试车不成功扣 5 分，2 次不成功扣 10 分	10	

4. 职业素养

检查内容	评分标准	配分	得分
工具、量具	工量具摆放不整齐扣 3 分	3	
使用登记	工位使用登记不填写扣 2 分	2	
工作台	工作台脏乱差扣 5 分	5	
合计		100	

【心得收获】

1. 本次任务新接触的内容描述。

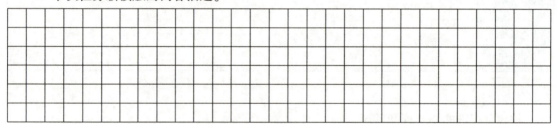

2. 总结在任务实施中遇到的困难及解决措施。

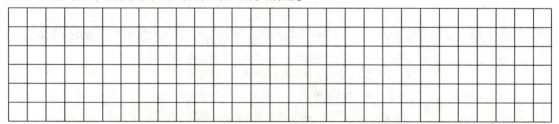

3. 综合评价自己的得失，总结成长的经验和教训。

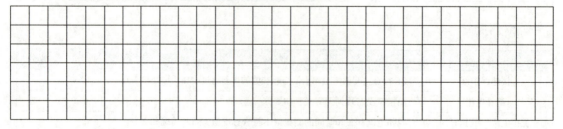

【拓展强化】

1. 拓展任务

使用通电延时时间继电器完成双速电动机调速控制电路的设计。

2. 习题强化

（1）时间继电器 KT 常开常闭触点动作的次序是（　　　）。

（A）常开常闭同时动作　　　　　　　　（B）常开先闭，常闭后断

（C）常闭先断，常开后闭　　　　　　　（D）无法确定

（2）中间继电器常开常闭触点的动作在本控制电路中可以使用哪种元件代替？（　　　）

（A）复合按钮　　　　（B）交流接触器　　　　（C）十字开关　　　　（D）安全继电器

（3）中间继电器 KA 的线圈工作电压应该选用的是（　　　）。

（A）380 V AC　　　　（B）220 V DC　　　　（C）24 V DC　　　　（D）12 V DC

（4）当合上 S2 后，电动机直接低速运行但不切换高速，根据故障现象分析故障原因并排除故障。

任务工单 5.2　变频调速控制电路的安装与调试

【任务介绍】

班级：		组别：		姓名：		日期：	
工作任务		变频调速控制电路的安装与调试				分数：	

任务描述：

1. 根据工作台自动往返控制的电气原理图，规范完成电路安装和接线，会使用 BOP 面板完成变频器参数修改和调试，以及故障排除；

2. 根据控制要求完成 PLC 控制的变频调速控制电路的安装与调试

序号	任务内容	是否完成
1	任务分析（控制要求、输入信号和输出信号）	
2	绘制 I/O 分配表	
3	绘制外围接线图	
4	列出元器件清单	
5	安装与接线	
6	通电前检测	
7	编写 PLC 程序	
8	电路调试与排故	
9	工量具、元器件等现场 5S 管理	

【任务分析】

1. 描述 PLC 控制的变频调速控制电路与按钮直接选择控制方式的异同。

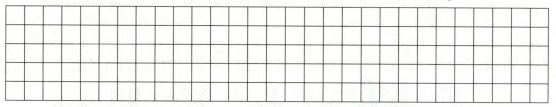

2. 变频器电路接收到外部控制输入有效信号的电学原理是什么？

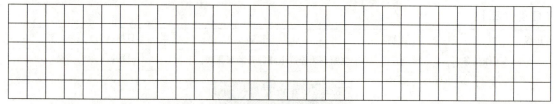

3. 过载保护在变频器实验中应如何处理和实现？

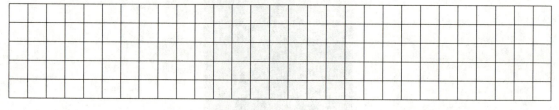

【任务准备】

1. 根据任务分析的结果，绘制 I/O 分配表。

2. 依据 PLC 及变频器接线示意图，绘制项目外围接线图。

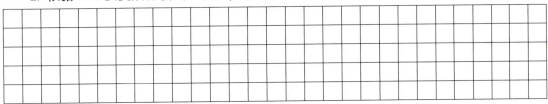

3. 设置对应功能的变频器参数。

序号	参数号	默认值	设定值	功能说明
1	P0304	230		
2	P0305	3.25		
3	P0307	0.75		
4	P0310	50.0		
5	P0311	0		
6	P1000	2		
7	P1080	0		
8	P1082	50		
9	P1120	10		
10	P1121	10		
11	P0700	2		
12	P0701	1		
13	P0702	12		
14	P0703	9		
15	P1001	0.00		
16	P1002	5.00		
17	P1003	10.00		
18	P1004	15.00		
19	P1005	20.00		
20	P1006	25.00		
21	P1007	30.00		

4. 元器件清单。

序号	电气符号	名称	数量	规格
1				
2				
3				
4				
5				
6				

【任务实施】

1. 按规范安装与接线。

具体的元件安装步骤可归纳为：选取元件→检查元件→阅读安装说明书→选配安装工具→横平竖直安装。

具体的接线步骤可归纳为：打线号→剪导线→剥导线→套号管→套端子→压端子→剪余线→插端子→紧螺丝→走线槽。

2. 线路测试。

测量接地电阻和绝缘电阻，检查标准：DIN VDE 0100-0600。

量具	测量点1	测量点2	测量值	DIN VDE 规定值
万用表/多功能测量仪	航空插头 PE 点	控制柜 PE 点	（　　）Ω	≤0.3 Ω
		控制柜安装板 PE 点	（　　）Ω	
		控制柜柜门 PE 点	（　　）Ω	
		变频器 PE 点	（　　）Ω	
		电动机 PE 点	（　　）Ω	

测量	测量点1	测量点2	测量值	DIN VDE 规定值
绝缘电阻 380 V/220 V	XT-L1	XT-PE	（　　）MΩ	≥1 MΩ
	XT-L2	XT-PE	（　　）MΩ	
	XT-L3	XT-PE	（　　）MΩ	
	XT-L1	XT-L2	（　　）MΩ	
	XT-L1	XT-L3	（　　）MΩ	
	XT-L2	XT-L3	（　　）MΩ	
	XT-N	XT-PE	（　　）MΩ	

3. 编写 PLC 程序。

【检查评估】

1. 目检

检查内容	评分标准	配分	得分
器件选型	行程开关、交流接触器、马达保护断路器选择不对,每项扣4分;空气开关、按钮、接线端子选择不对,每项扣2分	10	
导线连接	接点松动、接头露铜过长、压绝缘层,每处扣2分	10	
选线与布线	导线型号、截面积、颜色选择不正确,导线绝缘或线芯损伤,线号标识不清楚、遗漏或误标,布线不美观,每处扣2分	10	

2. 测量

检查内容	评分标准	配分	得分
接地保护线	PE接点之间的电阻测量值与标准值的误差超过±5%,每处扣2分	6	
绝缘电阻	测量值没有达到无穷大,扣5分	5	
脱扣电流、脱扣时间	脱扣电流和脱扣时间的测量值不符合标准值,每种情况扣2分	4	

3. 控制系统设计

检查内容	评分标准	配分	得分
I/O分配表	根据任务要求,列出PLC的I/O地址分配表,设计错误或不规范一处扣2分	10	
外围接线图	根据控制要求,画出PLC的外围接线图,设计错误或不规范一处扣2分	10	
变频器参数设计	根据控制要求,设定正确的参数值,设置错误或没有设置成功一个参数扣1分	10	

4. 通电试验

检查内容	评分标准	配分	得分
主电路功能	主电路缺相扣2分,短路扣5分,输入输出信号功能缺失每项扣5分	5	
控制电路功能	功能缺失扣5分	5	
通电成功性	1次试车不成功扣5分,2次不成功扣10分	5	

5. 职业素养

检查内容	评分标准	配分	得分
工具、量具	工量具摆放不整齐扣3分	3	
使用登记	工位使用登记不填写扣2分	2	
工作台	工作台脏乱差扣5分	5	
合计		100	

【心得收获】

1. 分条简述在任务实施中遇到的问题及解决措施。

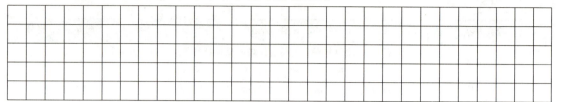

2. 综合评价收获，总结成长的经验和教训。

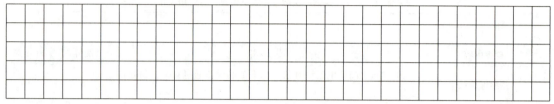

【拓展强化】

1. 请尝试使用 PLC 的模拟量输出信号完成电动机的无级调速。

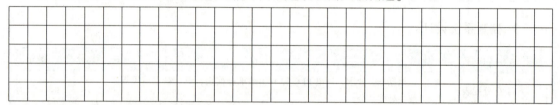

2. 请完成对应功能的外围接线图。

3. 请说明变频器对应功能的参数有无增减，参数的设定值相应的又会有哪些改变。

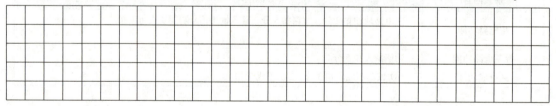

项目 6　三相异步电动机能耗制动控制电路的装调

 **项目介绍**

对于功率较大的三相异步电动机，从切断电源到完全停止，由于惯性的作用，总要经过一段时间才能完成，这往往不能适应某些生产机械的工艺要求。例如，万能铣床、卧式镗床、组合机床以及桥式起重机小车（见图 6-1）的行走、吊钩的升降等。无论是从提高生产效率，还是从安装及准确停车等方面考虑，都要求电动机能够迅速停车、迅速制动。

图 6-1　桥式起重机小车

本项目要求同学们完成该任务生产实践资料的查询，掌握能耗制动的工作原理，并能够对三相交流异步电动机能耗制动电路进行安装与调试；做好准备、装调、检查等工作过程记录，认真进行项目评价。

本项目要求同学们能够应用时间继电器实现双速电动机的自动变速，完成自动变速控制线路的安装与调试。通过本项目的学习，希望你有如下所获。

学有所获

知识目标

（1）掌握整流电路的工作原理。

（2）掌握速度继电器、整流器的原理及接线。

（3）理解三相异步电动机制动的工作原理。

（4）熟悉常用电工工具的使用规范。

能力目标

（1）能熟练使用常用的电工工具。

（2）能熟练绘制三相异步电动机能耗制动布局图和接线图。

（3）会实施上电调试。

（4）能对三相异步电动机能耗制动电路进行规范接线及故障检测。

（5）能规范地对电气线路进行接线与调试。

素养目标

（1）培养安全用电意识。

（2）遵守工具和仪器操作规范。

（3）培养创造创新能力。

学习任务6.1 整流电路

1. 单向半波整流电路

利用具有单向导电性能的整流元件如二极管等，将交流电转换成单向脉动直流电的电路称为整流电路，如图6-2所示。

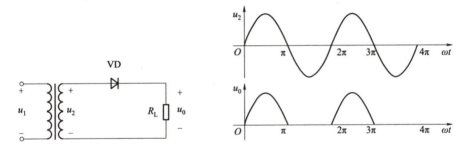

图6-2 单向半波整流电路

当 u_2 为正半周时，二极管 VD 承受正向电压而导通，此时有电流流过负载，并且与二极管上的电流相等，即 $i_0 = i_D$。忽略二极管的电压降，则负载两端的输出电压等于变压器副边电压，即 $u_0 = u_2$，输出电压 u_0 的波形与 u_2 相同。

当 u_2 为负半周时，二极管 VD 承受反向电压而截止，此时负载上无电流流过，输出电压 $u_0 = 0$，变压器副边电压 u_2 全部加在二极管 VD 上。单相半波整流电压的平均值为

$$U_0 = \frac{1}{2\pi}\int_0^\pi \sqrt{2}\sin\omega t \, d(\omega t) = \frac{\sqrt{2}}{\pi}U_2 = 0.45U_2 \qquad (6-1)$$

流过负载电阻 R_L 的电流平均值为

$$I_0 = \frac{U_0}{R_L} = 0.45\frac{U_2}{R_L} \qquad (6-2)$$

流经二极管的电流平均值与负载电流平均值相等，即

$$I_D = I_0 = 0.45\frac{U_2}{R_L} \qquad (6-3)$$

二极管截止时承受的最高反向电压为 u_2 的最大值，即

$$U_{RM} = U_{2M} = \sqrt{2}U_2 \qquad (6-4)$$

2. 全波整流电路

全波整流电路是指能够把交流电转换成单一方向电流的电路，全波整流使交流电的两个半周期都得到了利用。在半个周期内，电流流过一个整流器件（比如晶体二极管），而在另一个半周期内，电流流经第二个整流器件，并且两个整流器件的连接能使流经它们的电流以同一方向流过负载。无论是正半周还是负半周，通过负载电阻的电流方向总是相同的，这就提高了整流器的效率，并使已整电流易于平滑。因此，在整流器中广泛地应用着全波整流。

如图 6-3 所示，u_2 为正半周时，a 点电位高于 b 点电位，二极管 VD_1、VD_3 承受正向电压而导通，VD_2、VD_4 承受反向电压而截止，此时电流的路径为 $a \rightarrow VD_1 \rightarrow R_L \rightarrow VD_3 \rightarrow b$。

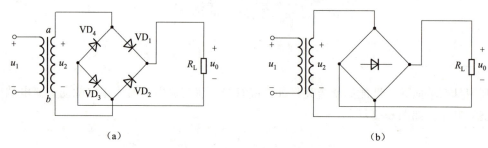

（a） （b）

图 6-3 单向全波整流电路

u_2 为负半周时，b 点电位高于 a 点电位，二极管 VD_2、VD_4 承受正向电压而导通，VD_1、VD_3 承受反向电压而截止，此时电流的路径为 $b \rightarrow VD_2 \rightarrow R_L \rightarrow VD_4 \rightarrow a$。单向全波整流波形如图 6-4 所示。

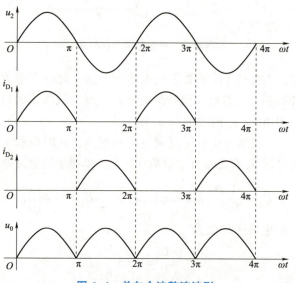

图 6-4 单向全波整流波形

单相全波整流电压的平均值为

$$U_0 = \frac{1}{\pi}\int_0^\pi \sqrt{2}\,U_2\sin\omega t\,\mathrm{d}(\omega t) = 2\frac{\sqrt{2}}{\pi}U_2 = 0.9U_2 \tag{6-5}$$

流过负载电阻 R_L 的电流平均值为

$$I_0 = \frac{U_0}{R_L} = 0.9\frac{U_2}{R_L} \qquad (6-6)$$

流经每个二极管的电流平均值为负载电流的一半，即

$$I_D = \frac{1}{2}I_0 = 0.45\frac{U_2}{R_L} \qquad (6-7)$$

每个二极管在截止时承受的最高反向电压为 u_2 的最大值，即

$$U_{RM} = U_{2M} = \sqrt{2}U_2 \qquad (6-8)$$

3. 整流桥

整流桥就是将整流管封在一个壳内，分全桥和半桥。全桥是将连接好的桥式整流电路按桥式全波整流电路的形式连接并封装为一体构成的。半桥是将两个二极管桥式整流电路的一半封在一起，用两个半桥可组成一个桥式整流电路。整流桥一般用在全波整流电路中。

整流桥及接线方式如图 6-5 所示。

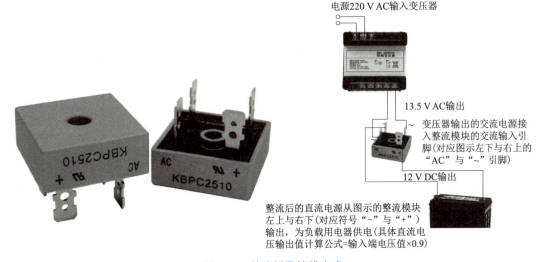

图 6-5　整流桥及接线方式

学习任务 6.2　变压器

1. 变压器的工作原理

图 6-6 所示为单相变压器的原理图，与电源相连的称为一次绕组（又称原边绕组），与负载相连的称为二次绕组（又称副边绕组）。一次绕组、二次绕组的匝数分别为 N_1、N_2。当变压器的一次绕组接上交流电压 $\dot{U}_1$ 时，一次绕组中便有电流 $\dot{I}_1$，通过电流 $\dot{I}_1$ 在铁芯中产生闭合磁通 $\varPhi$，磁通 $\varPhi$ 随 $\dot{I}_1$ 的变化而变化，从而在二次绕组中产生感应电动势。如果二次绕组接有负载，则在二次绕组和负载组成的回路中有负载电流产生。

变压器中一、二次绕组的电压之比为变压器的电压比，即

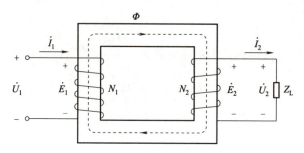

图 6-6 单相变压器

$$\frac{U_1}{U_2} \approx \frac{E_1}{E_2} = \frac{N_1}{N_2} = k \quad\quad (6-9)$$

变压器中一、二次绕组的电流之比为

$$\frac{I_1}{I_2} \approx \frac{N_2}{N_1} = \frac{1}{k} \quad\quad (6-10)$$

变压器二次绕组上的阻抗与一次绕组的等效阻抗之比为

$$|Z'| = k^2 |Z_L| \quad\quad (6-11)$$

变压器负载与二次绕组的关系如图 6-7 所示。

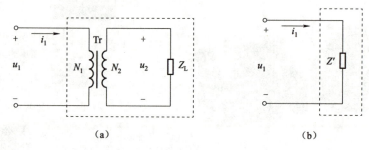

图 6-7 变压器负载与二次绕组之间的关系

理想变压器原、副线圈的功率相等 $P_1 = P_2$，说明理想变压器本身无功率损耗。实际上变压器总存在损耗，其效率为 $\eta = \dfrac{P_2}{P_1}$。电力变压器的效率很高，可达90%以上。

2. 变压器的选型

1）变压器的分类

变压器按相数分为单相变压器和三相变压器；按冷却方式分为干式变压器和油浸式变压器；按用途分为电力变压器、仪用变压器、试验变压器和特种变压器；按绕组形式分为双绕组变压器、三绕组变压器和自耦变电器。

图 6-8 所示为控制变压器。

图 6-8 控制变压器

2）变压器的型号及含义（见图6-9）

3）变压器的结构型式

变压器按照其容量、电压的不同分成各种不同的规格，但均为单相多绕组，初、次级互耦分开绕制的变压器。当初、次级只有一个绕组时，可担负全部额定容量；当有多个绕组时，则各绕组应该承担给定的容量，但各绕组的容量之和不得超过总容量。如图6-10所示。

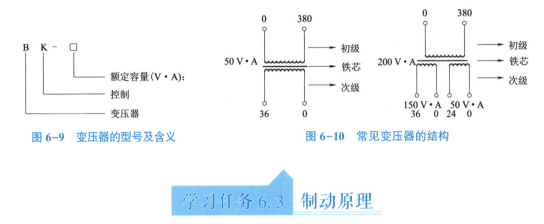

图6-9　变压器的型号及含义　　　　　　图6-10　常见变压器的结构

学习任务6.3　制动原理

1. 三相异步电动机制动方式

由电动机转子惯性的缘故，异步电动机从切除电源到停转有一个过程，需要一段时间。为了缩短辅助时间、提高生产效率，许多机床（如万能铣床、卧式镗床、组合机床等）都要求能迅速停车和精确定位，这就要求对电动机进行制动，强迫其立即停车。

机床上制动停车的方式有两大类：机械制动和电气制动。机械制动是利用机械或液压制动装置实现制动。电气制动是由电动机产生一个与原来旋转方向相反的力矩来实现制动。机床中常用的电气制动方式有能耗制动和反接制动。

2. 能耗制动

能耗制动的原理：在切除异步电动机的三相电源之后，立即在定子绕组中接入直流电源，转子切割恒定磁场产生的感应电流与恒定磁场作用产生制动力矩，使电动机高速旋转的动能消耗在转子电路中。

能耗制动的优点：制动准确、平稳，能量消耗小；缺点：制动力较小（低速时尤为突出），需要直流电源。能耗制动适用于要求制动准确、平稳的场合，如磨床、龙门刨床及组合机床的主轴定位等。能耗制动控制方式可进一步细分为时间原则控制（利用时间继电器控制）与速度原则控制（利用速度继电器控制）。

（1）时间原则控制：当转速降为某一下限值或为零时，切除直流电源，制动过程完毕。

（2）速度原则控制：KT整定时间到，切除直流电源，制动过程完毕。

3. 反接制动

反接制动是利用改变异步电动机定子绕组上三相电源的相序，使定子产生反向旋转磁场作用于转子而产生强力的制动力矩。反接制动时，旋转磁场的相对速度很大，定子电流也很大，因此制动迅速。但在制动过程中有较大冲击，对传动机构有害，能量消耗也较大。此外，在速度继电器动作不可靠时，反接制动还会引起反向再启动。因此，反接制动方式常用于不频繁启动、制动时对停车位置无精确要求而传动机构能承受较大冲击的设备中，如铣床、镗床、中型车床主轴的制动。

学习任务6.4 能耗制动控制电路电气原理图分析

通常制动控制电路的制动作用强弱与通入直流电流大小和电动机的转速有关，在同样的转速下电流越大制动作用越强，电流一定时转速越高制动力矩越大。一般取直流电流为电动机空载电流的 3~4 倍，过大会使定子过热。通常可通过调节整流器输出端的可变电阻 R，得到合适的制动电流，电路如图 6-11 所示。

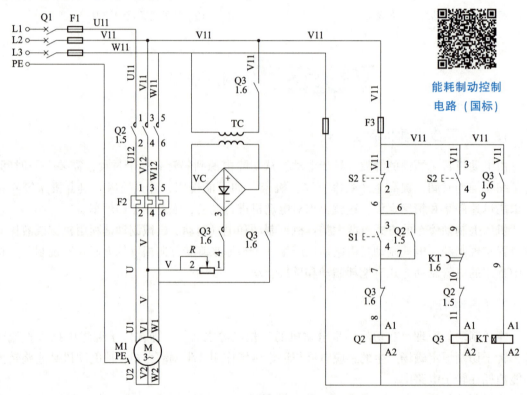

能耗制动控制
电路（国标）

图 6-11　能耗制动控制电路

分析过程如下：

（1）运行：合上空气开关 Q1→按下按钮 S1→Q2 线圈通电→接触器辅助常闭触点 Q2 先断开（电气互锁），然后主触点 Q2 闭合，辅助常开触点 Q2 闭合实现自锁→电动机 M1 正常工作。

（2）停止：按下按钮 S2→接触器 Q2 断电→Q2 接触器主触点 Q2 断开，电动机 M1 停止运转，接触器辅助常闭触点 Q2 吸合（电气互锁释放）→Q3、KT 线圈得电→辅助常开触点 Q3 闭合实现自锁，KT 按照预设时间进行计时，Q3 主触点闭合，能耗制动直流部分接入电动机绕组进行制动→经过设定时间后，KT 延时断开常闭触点断开，Q3 线圈失电，电动机 M1 停止运转。

学习任务6.5　三相异步电动机反接制动控制电路电气原理图分析

反接制动控制电路如图 6-12 所示。

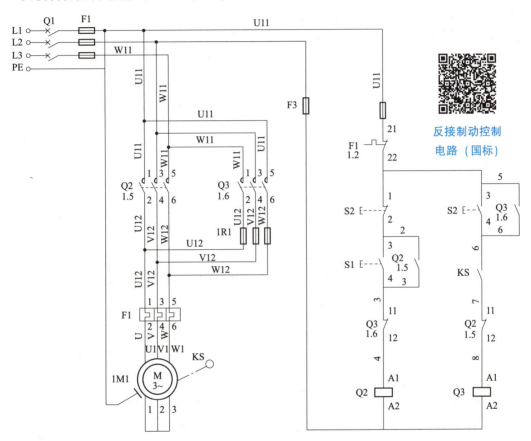

图 6-12　反接制动控制电路

分析过程如下：

（1）运行：合上空气开关 Q1→按下按钮 S1→Q2 线圈通电→接触器辅助常闭触点 Q2 先断开（电气互锁），然后主触点 Q2 闭合，辅助常开触点 Q2 闭合实现自锁→电动机 M1 正常工作→KS 常开触点达到设定速度后闭合。

（2）停止：按下按钮 S2→接触器 Q2 断电→Q2 接触器主触点 Q2 断开，电动机 M1 停止运转，接触器辅助常闭触点 Q2 吸合（电气互锁释放）→Q3 线圈得电→辅助常开触点 Q3 闭合实现自锁，Q3 主触点闭合，相序相反的主电路部分接入电动机绕组，完成反接制动→当电动机 M1 速度下降至低于速度传感器设定速度后，KS 常开触点断开，Q3 线圈失电，电动机则停止运转。

学习任务6.6 三相异步电动机反接制动的 PLC 改造

1. 输入/输出地址分配 (I/O 分配)

根据三相异步电动机反接制动电气原理图，输入信号主要有按钮和速度继电器常开触点以及实际应用场景下的安全保护触点（以往返小车左右极限位为例），过载保护的触点也可以作为输入信号处理，输出信号是接触器线圈（AC 220 V）。

三相异步电动机反接制动 I/O 分配表见表6-1。

表 6-1 三相异步电动机反接制动 I/O 分配表

输入	符号	作用	输出	符号	作用
I0.0	S1	启动	Q0.0	Q2	单向运转
I0.1	S2	停止	Q0.1	Q3	反接制动
I0.2	S3	速度继电器常开触点			
I0.3	S4	左限位			
I0.4	S5	右限位			

2. 外围接线图绘制

依据 I/O 分配表，结合西门子 S7-1214C AC/DC/RLY 的接线示意图（见图6-13）绘制外围接线图（见图6-14）。

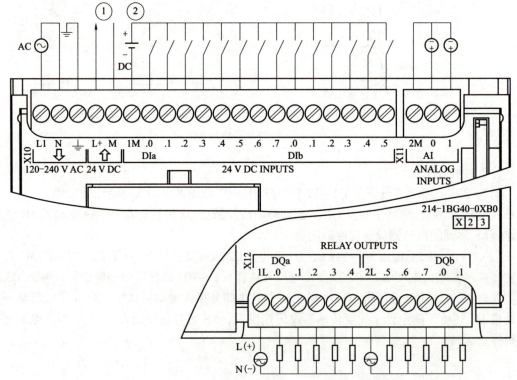

图 6-13 西门子 S7-1214C AC/DC/RLY 接线示意图

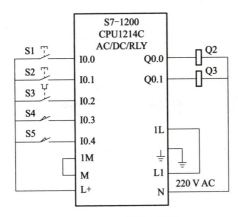

外围接线图（国标）

图 6-14　外围接线图

最后结合控制要求设计 PLC 梯形图，如图 6-15 所示。

```
程序段1: ......
  注释
    %I0.0        %I0.1        %I0.4        %Q0.1        %Q0.0
    "Tag_5"      "Tag_4"      "Tag_6"      "Tag_3"      "Tag_2"
    ──┤ ├──┬──────┤/├──────────┤/├──────────┤/├──────────( )──
        │
    %I0.0│
    "Tag_2"
    ──┤ ├──┘

程序段2: ......
  注释
    %I0.1        %I0.0        %I0.2        %I0.3        %Q0.0        %Q0.1
    "Tag_4"      "Tag_5"      "Tag_8"      "Tag_7"      "Tag_2"      "Tag_3"
    ──┤ ├──┬──────┤/├──────────┤ ├──────────┤ ├──────────┤/├──────────( )──
        │
    %Q0.1│
    "Tag_3"
    ──┤ ├──┘
```

图 6-15　PLC 梯形图

任务工单部分

任务工单 6.1　能耗制动控制电路的装调

【任务介绍】

班级：	组别：	姓名：	日期：
工作任务	三相异步电动机能耗制动控制电路的装调		分数：

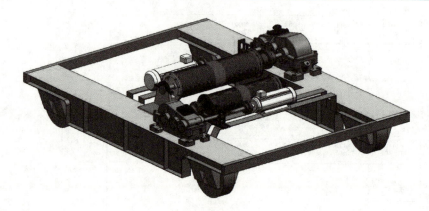

任务描述：

1. 交流接触器、时间继电器、变压器等低压电气元件的选用；
2. 剥线钳、压线钳、验电笔、万用表等常用电工工量具的操作；
3. 能耗制动控制电路识读与原理分析；
4. 能完成能耗制动整流部分的搭建，且完成控制电路的安装、接线、检测与调试

序号	任务内容	是否完成
1	验电笔、剥线钳、压线钳、万用表、线号机等工量具使用	
2	测试变压器及整流桥电路功能	
3	分析能耗制动控制电路的工作过程	
4	列元器件清单，准备元器件	
5	绘制电气元件布置图	
6	绘制电气安装接线图	
7	安装与接线	
8	线路检测、调试与排故	
9	工量具、元器件等现场 5S 管理	

【任务分析】

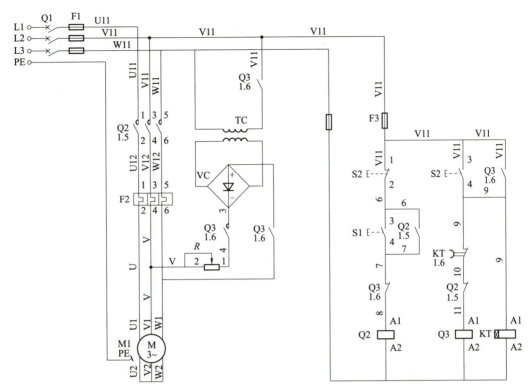

1. 能耗制动控制电路是通过（   ）自动实现电动机的制动效果的。

（A）反向旋转磁场作用

（B）机械制动机构

（C）按钮

（D）转子切割恒定磁场产生的感应电流与恒定磁场作用

2. 电气原理图中整流电路部分中滑动变阻器的作用是（   ）。

（A）短路保护　　　（B）过载保护　　　（C）调解制动电流大小　　　（D）稳压

3. 以下不是控制电路中 Q3 作用的是（   ）。

（A）互锁使 Q2 线圈失电　　　　　　（B）使 KT 线圈失电

（C）保持 KT 线圈得电　　　　　　　（D）使整流桥工作

4. 控制电路中 S2 的作用不包含（   ）。

（A）停止电气运转　　　　　　　　　（B）启动能耗制动功能

（C）切换　　　　　　　　　　　　　（D）反转

5. 能耗制动控制电路中有哪些自锁？具体是什么？

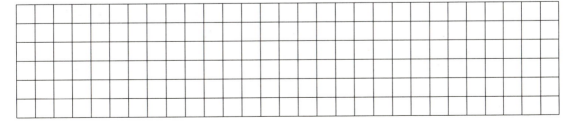

【任务准备】

1. 列元器件清单。

序号	电气符号	名称	数量	规格
1	Q1			
2	F1、F3			
3	S1、S2			
4	TC、VC			
5	KT			
6	M1			
7	F2			

2. 绘制电气元件布置图。

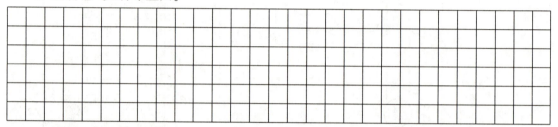

3. 绘制电气安装接线图。

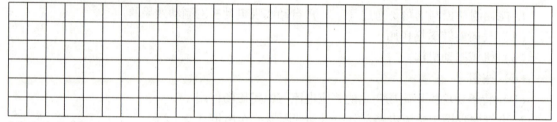

【任务实施】

1. 按规范安装与接线。

具体的元件安装步骤可归纳为：选取元件→检查元件→识读控制电路图→选配安装工具→横平竖直安装。

具体的接线步骤可归纳为：打线号→剪导线→剥导线→套号管→套端子→压端子→剪余线→插端子→紧螺丝→走线槽。

2. 线路测试。

（1）测量接地电阻和绝缘电阻，检查标准：DIN VDE 0100-0600。

量具	测量点 1	测量点 2	测量值	DIN VDE 规定值
万用表/多功能测量仪	航空插头 PE 点	控制柜 PE 点	（　　　）Ω	≤0.3 Ω
		控制柜安装板 PE 点	（　　　）Ω	
		控制柜柜门 PE 点	（　　　）Ω	
		电动机 PE 点	（　　　）Ω	

测量	测量点 1	测量点 2	测量值	DIN VDE 规定值
绝缘电阻 380 V/220 V	XT-L1	XT-PE	（　　）MΩ	≥1 MΩ
	XT-L2	XT-PE	（　　）MΩ	
	XT-L3	XT-PE	（　　）MΩ	

（2）功能测量。

	电路名称	动作指示	测试点 1	测试点 2	万用表测导通
不上电情况	主电路	无动作 （常态）	U11	U1	
			V11	V1	
			W11	W1	
		按 Q2 测试按钮	U11	U1	
			V11	V1	
			W11	W1	
	控制电路	常态	1	2	
		按 S1	1	2	
		按 S2	1	2	
		按 S1 或 S2	1	2	
		按 Q2 测试按钮	1	2	
		按 Q3 测试按钮	1	2	
		按 Q2 或 Q3 测试按钮	1	2	
上电后情况	主电路 状况描述				
	控制电路 状况描述				

【检查评估】

按评分标准实施互评和师评。

1. 目检

检查内容	评分标准	配分	得分
器件选型	时间继电器、交流接触器、速度继电器、马达保护断路器选择不对，每项扣 4 分；空气开关、按钮、接线端子选择不对，每项扣 2 分	10	
导线连接	接点松动、接头露铜过长、压绝缘层，每处扣 2 分	10	
选线与布线	导线型号、截面积、颜色选择不正确，导线绝缘或线芯损伤，线号标识不清楚、遗漏或误标，布线不美观，每处扣 2 分	10	

2. 测量

检查内容	评分标准	配分	得分
接地保护线	PE 接点之间的电阻测量值与标准值的误差超过 ±5%，每处扣 2 分	10	
绝缘电阻	测量值没有达到无穷大，扣 6 分	6	
脱扣电流、脱扣时间	脱扣电流和脱扣时间的测量值不符合标准值，每种情况扣 2 分	4	

3. 通电试验

检查内容	评分标准	配分	得分
主电路功能	主电路缺相扣 5 分，短路扣 10 分	10	
控制电路功能	启停、自锁、互锁、速度继电器、时间继电器换接功能缺失，每项扣 5 分	20	
通电成功性	1 次试车不成功扣 5 分，2 次不成功扣 10 分	10	

4. 职业素养

检查内容	评分标准	配分	得分
工具、量具	工量具摆放不整齐扣 3 分	3	
使用登记	工位使用登记不填写扣 2 分	2	
工作台	工作台脏乱差扣 5 分	5	
合计		100	

【心得收获】

1. 本次任务新接触的内容描述。

2. 总结在任务实施中遇到的困难及解决措施。

3. 综合评价自己的得失，总结成长的经验和教训。

（表格空白）

【拓展强化】

1. 拓展任务。

在能耗制动控制电路的基础上，实现制动效果与电动机速度关联的功能。

（表格空白）

2. 习题强化。

（1）整流桥封装电路中一般缺一角的那一侧引脚为（　　　）。

（A）正极输出　　　　（B）交流输入　　　　（C）负极输出　　　　（D）直流输入

（2）对照电路图，若电动机按下停止按钮以后没有明细的制动效果，分析可能的电路故障及判断依据。

（表格空白）

（3）如果整流桥电路引脚模糊，如何利用万用表完成判定。

（表格空白）

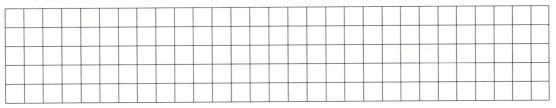

任务工单6.2　三相异步电动机反接制动的PLC改造

【任务介绍】

班级：		组别：		姓名：		日期：	
工作任务		三相异步电动机反接制动的PLC改造				分数：	

任务描述：
　　根据三相异步电动机反接制动控制的电气原理图，对控制电路进行改造，完成硬件的安装与接线、PLC编程以及电路调试。

序号	任务内容	是否完成
1	任务分析（控制要求、输入信号和输出信号）	
2	绘制 I/O 分配表	
3	绘制外围接线图	
4	列出元器件清单	
5	安装与接线	
6	通电前检测	
7	编写 PLC 程序	
8	电路调试与排故	
9	工量具、元器件等现场 5S 管理	

【任务分析】

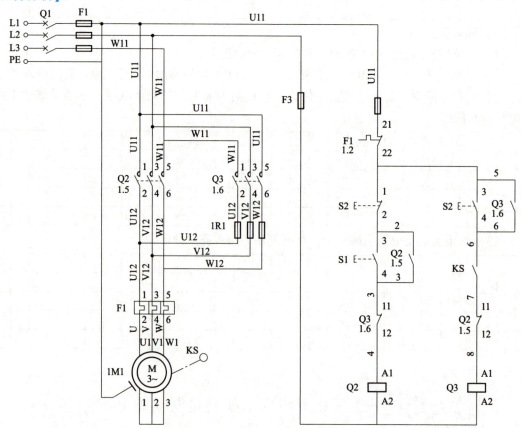

1. 描述三相异步电动机反接制动控制的工作过程。

2. 电路的输入信号和输出信号分别是什么？

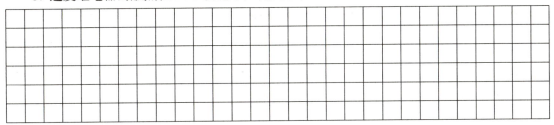

3. 速度继电器的触点在 PLC 改造中如何处理？

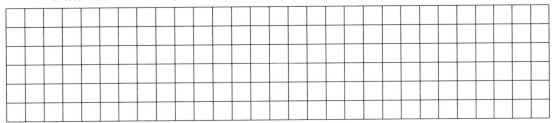

【任务准备】

1. 根据任务分析的结果，绘制 I/O 分配表。

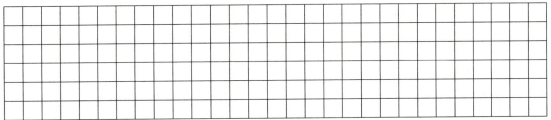

2. 依据 PLC 接线示意图，绘制 PLC 外围接线图。

3. 元器件清单。

序号	电气符号	名称	数量	规格
1				
2				
3				
4				
5				
6				
7				

序号	电气符号	名称	数量	规格
8				
9				
10				

【任务实施】

1. 安装与接线。

具体的元件安装步骤可归纳为：选取元件→检查元件→识读电气控制原理图→选配安装工具→横平竖直安装。

具体的接线步骤可归纳为：打线号→剪导线→剥导线→套号管→套端子→压端子→剪余线→插端子→紧螺丝→走线槽。

2. 通电前电路检测。

（1）测量接地电阻和绝缘电阻，检查标准：DIN VDE 0100-0600。

量具	测量点 1	测量点 2	测量值	DIN VDE 规定值
万用表/多功能测量仪	航空插头 PE 点	控制柜 PE 点	（　　）Ω	≤0.3 Ω
		控制柜安装板 PE 点	（　　）Ω	
		控制柜柜门 PE 点	（　　）Ω	
		电动机 PE 点	（　　）Ω	

测量	测量点 1	测量点 2	测量值	DIN VDE 规定值
绝缘电阻 380 V/220 V	XT-L1	XT-PE	（　　）MΩ	≥1 MΩ
	XT-L2	XT-PE	（　　）MΩ	
	XT-L3	XT-PE	（　　）MΩ	
	XT-N	XT-PE	（　　）MΩ	

（2）功能测量。

	动作指示	测试点 1	测试点 2	万用表测导通
通电前检测	无动作（常态）	I0.0	L+	
		I0.1	L+	
		M	L+	
	按 S1	I0.0	L+	
	按 S2	I0.1	L+	

3. 编写 PLC 程序。

1. 目检

检查内容	评分标准	配分	得分
器件选型	行程开关、PLC控制器、交流接触器、马达保护断路器选择不对，每项扣4分；空气开关、按钮、接线端子选择不对，每项扣2分	10	
导线连接	接点松动、接头露铜过长、压绝缘层，每处扣2分	10	
选线与布线	导线型号、截面积、颜色选择不正确，导线绝缘或线芯损伤，线号标识不清楚、遗漏或误标，布线不美观，每处扣2分	10	

2. 测量

检查内容	评分标准	配分	得分
接地保护线	PE接点之间的电阻测量值与标准值的误差超过±5%，每处扣2分	10	
绝缘电阻	测量值没有达到无穷大，扣6分	6	
脱扣电流、脱扣时间	脱扣电流和脱扣时间的测量值不符合标准值，每种情况扣2分	4	

3. 通电试验

检查内容	评分标准	配分	得分
主电路功能	主电路缺相扣5分，短路扣10分	10	
控制电路功能	启停、自锁、互锁、行程开关换接功能缺失，每项扣5分	20	
通电成功性	1次试车不成功扣5分，2次不成功扣10分	10	

4. 职业素养

检查内容	评分标准	配分	得分
工具、量具	工量具摆放不整齐扣3分	3	
使用登记	工位使用登记不填写扣2分	2	
工作台	工作台脏乱差扣5分	5	
合计		100	

【心得收获】

1. 分条简述在任务实施中遇到的问题及解决措施。

2. 综合评价收获，总结成长的经验和教训。

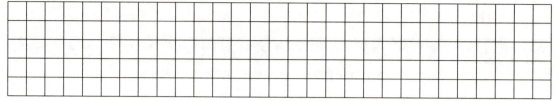

【拓展强化】

1. 请说明 PLC 改造前反接制动控制原理图中控制电路部分为何没有按钮互锁。

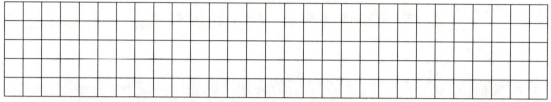

2. 请说明 PLC 改造后的输出信号是否要加入接触器线圈互锁。

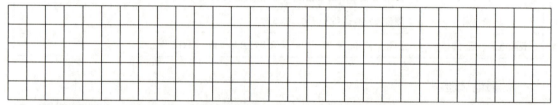

3. 请说明 PLC 改造后的极端情况下速度继电器失效如何保证一定效果的反接制动功能。

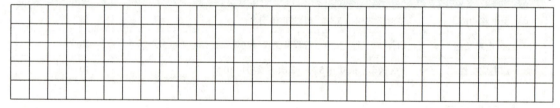

项目7 电子器件的焊接与装调

项目介绍

电子器件的焊接与装调是电工必备技能之一，包括常用元器件的检测、电路图的识读、电路板的焊接与装调等。本项目设置了直流稳压电源（见图7-1）电路装调、白炽灯调光（见图7-2）电路装调等具体任务，以提升学习者此方面的技能。

图7-1 直流稳压电源

图7-2 白炽灯调光

本项目要求同学们会分析电子电路，能根据电路图进行焊接，焊接后会测量数据，根据数据判断并排除故障，最后上电调试。通过本项目的学习，希望你有如下所获。

学有所获

知识目标

（1）理解串联型稳压电源电路中变压、整流、滤波、稳压各环节的工作原理。

（2）熟悉电子电路焊接的一般步骤。

（3）掌握电压调整率和电流调整率的计算方法。

（4）掌握晶闸管和单结晶体管的工作过程。

（5）掌握调光电路的工作原理。

（6）熟悉常用电工工具量具的使用规范。

能力目标

（1）会检测电子元器件。

（2）会熟练使用电烙铁、调压器、示波器等焊接相关的工量具。

（3）会使用信号发生器。

（4）会识读稳压电源、白炽灯调光电路。

（5）会用万用表、示波器等测量电路的参数。

（6）能判断电路中存在的故障并快速排除。

素养目标

（1）培养安全用电意识与环境保护意识。

（2）遵守工具和仪器操作规范。

（3）增强信息检索与查阅能力。

学习任务部分

学习任务 7.1 串联型稳压电源电路的分析

1. 串联型稳压电源电路的构成

串联型稳压电源电路由电源变压器、整流电路、滤波电路和稳压电路组成，其电压波形变化过程如图 7-3 所示。电源变压器将交流电网电压 u_1 变为合适的交流电压 u_2；整流电路将交流电压 u_2 变为脉动的直流电压 u_3；滤波电路将脉动直流电压 u_3 转变为平滑的直流电压 u_4；稳压电路清除电网波动及负载变化的影响，保持输出电压 u_0 的稳定。

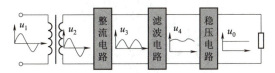

图 7-3　稳压电源电路的电压波形

LM317 可调稳压电源电路如图 7-4 所示。

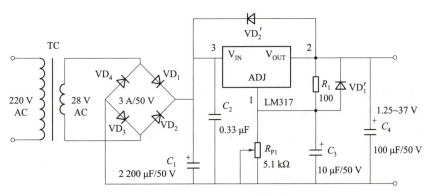

图 7-4　LM317 可调稳压电源电路

2. 变压器

变压器是利用电磁感应的原理来改变交流电压的装置，主要作用有升降电压、匹配阻抗、安全隔离等。变压器由线圈和铁芯组成，铁芯是变压器的磁路部分，线圈是变压器的电路部分。变压器有两组线圈，分别是初级线圈（一次绕组或原边绕组）和次级线圈（二次绕组或副边绕组），其中初级线圈接电源，次级线圈接负载。

图7-5所示为单相变压器的原理图，当变压器的初级线圈接上交流电压 U_1 时，初级线圈中便产生电流 I_1，铁芯中产生闭合磁通 Φ，闭合磁通 Φ 随电流 I_1 的变化而变化，从而在次级线圈中产生感应电动势。如果次级线圈接有负载，则会在次级线圈和负载组成的回路中产生电流 I_2。

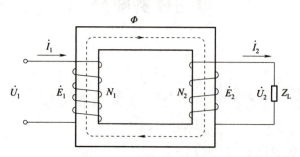

图7-5　单相变压器原理图

单相变压器实物如图7-6所示。

图7-6　单相变压器

学习任务7.2　桥式整流电路

桥式整流电路属于全波整流电路，如图7-7所示，桥式整流使交流电的整个周期都得到了利用。在半个周期内，电流通过整流二极管 VD_1 和 VD_3，而在另一个半个周期内，电流通过整流二极管 VD_2 和 VD_4，但是整个周期内通过负载电阻 R_L 的电流方向是相同的。

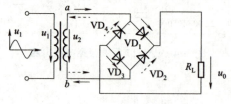

图7-7　桥式整流电路

桥式整流的波形如图7-8所示。

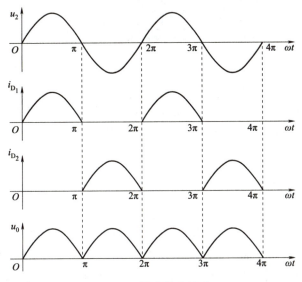

图 7-8   桥式整流波形

学习任务7.3   滤波电路

交流电经整流后输出的是脉动直流电，其中既有直流成分又有交流成分。滤波电路利用储能元件电容两端电压（或通过电感中的电流）不能突变的特性，将电容与负载 R_L 并联（或将电感与负载 R_L 串联），滤掉整流电路输出电压中的交流成分，保留其直流成分，达到平滑输出电压波形的目的。采用电容和负载并联的滤波电路如图 7-9 所示，输出电压的波形如图 7-10 所示。

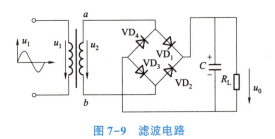

图 7-9   滤波电路

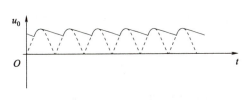

图 7-10   滤波后电压波形

电容滤波的输出特性如图 7-11 所示，$R_L \cdot C$ 越大，C 放电越慢，U_o 越大，一般取：

$$R_L \cdot C \geqslant (3 \sim 5)T/2 \qquad (7-1)$$

式中 T——电源电压的周期。

近似估算：

$$U_o = 1.2U_2 \qquad (7-2)$$

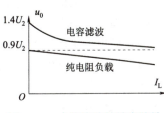

图 7-11   电容滤波的输出特性

学习任务 7.4 稳压电路

1. 稳压二极管电路

稳压二极管的反向特性陡直，较大的电流变化只会引起较小的电压变化，电路如图 7-12 所示。当输入电压或负载变化时，负载两端的电压稳定不变。

$$U_o = U_Z = U_i - U_R \qquad (7-3)$$

2. 固定电压稳压器

集成稳压器具有体积小、可靠性高、使用灵活、价格低廉等优点。最简单的集成稳压器只有输入端、输出端和公共端，故称为三端集成稳压器。常用的稳压器有 W7800 系列（输出正电压）和 W7900 系列（输出负电压）三端集成稳压器，其内部也是串联型晶体管稳压电路。稳压器的硅片封装在普通功率管的外壳内，电路内部附有短路和过热保护环节。集成稳压器如图 7-13 所示。

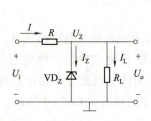

图 7-12 稳压二极管电路

图 7-13 集成稳压器

W7800 系列集成稳压器的引脚定义是：1 端—输入端，2 端—公共端，3 端—输出端；W7900 系列集成稳压器的引脚定义是：1 端—公共端，2 端—输入端，3 端—输出端。

3. 可调电压稳压器

以 LM317 芯片为核心构建稳压集成电路，其输出电压是可调的。LM317 的重要参数如下：

（1）输入与输出端最高压差为 40 V；
（2）输入与输出端最小工作压差为 3 V；
（3）输出电压连续可调（1.25~37 V）；
（4）最大输出电流是 1.5 A，输出的最小负载电流为 5 mA；
（5）基准电压为 1.25 V；
（6）工作温度为 0~70 ℃。
在图 7-14 所示的电路中，有

$$V_{out} = 1.25\left(1 + \frac{R_2}{R_1}\right) + I_{Adj} \cdot R_2 \qquad (7-4)$$

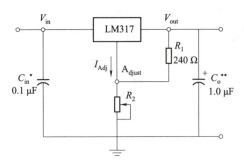

图 7-14　LM317 稳压集成电路

交流电经变压、整流和滤波后加在三端稳压集成电路的输入端（V_{in}），改变与调节端相连的电阻器就能改变调节端（A_{djust}）的对地电压值，在输出端（V_{out}）得到不同的电压，从而实现可调的稳压输出。

学习任务 7.5　电子电路的焊接

1. 手工焊接

手工电烙铁焊接简称手工焊接，是利用加热手段，在两种金属的接触面，通过焊接材料的原子或分子的相互扩散作用，使两种金属间形成一种永久的连接。焊接形成的连接点叫焊点。手工焊接主要用到焊接工具、焊料（焊锡丝）和焊剂（松香）等，焊接工具除了电烙铁外，还有尖嘴钳、斜口钳、剥线钳、镊子、电工刀、螺丝刀、吸锡器等辅助工具。

2. 电烙铁的握法

电烙铁的握法主要有握笔法、反握法和正握法等，如图 7-15 所示。

（a）

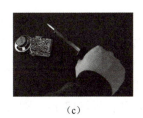
（c）

图 7-15　电烙铁握法
（a）握笔法；（b）反握法；（c）正握法

3. 手工焊接的基本步骤

（1）手工焊接时首先要检查印制板和元器件，印制板需检查线、焊盘、焊孔是否与图纸相符，有无断线、缺孔，表面是否清洁，有无氧化、锈蚀等；元器件需检查品种、规格、数量及外封装是否与图纸吻合，元器件引线有无氧化、锈蚀等。

（2）检查完毕后，根据实际情况清除元器件引线表面的氧化层。

（3）将元器件引脚弯曲成形，如图 7-16 所示，折弯半径要大于 1.5 mm，圆弧半径应大于引脚直径的 2 倍，引线成形时应将元器件有字符的面向上。

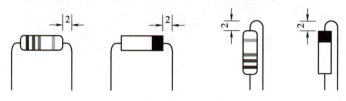

图 7-16　元器件引脚折弯

（4）元器件引脚弯曲成形后，根据印制板上焊盘之间的距离选择元件的插放方法，一般情况下选择卧式插法，当焊盘间距离较小时选择立式插法，如图 7-17 所示。不同类型元器件的插放示例如图 7-18 所示。

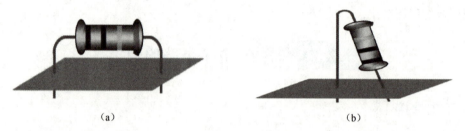

（a）　　　　　　　　　　　　　（b）

图 7-17　元件插法

（a）卧式插法；（b）立式插法

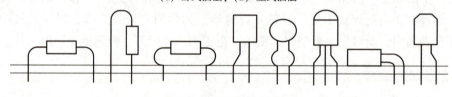

图 7-18　元件插法示例

（5）将元件插放到印制板上后，加热焊接。

准备：烙铁头保持干净，表面镀一层锡。

预热：烙铁头放在焊盘和元器件引线的交界处 1~2 s，使焊件受热均匀。

送焊丝：焊丝从烙铁对面接触焊件。

移焊丝：焊丝熔化一定量后，立即将焊丝向左上 45°方向移开。

移烙铁：焊锡浸润焊盘和焊件的施焊部位后，向右上 45°方向移开。

焊接步骤如图 7-19 所示。

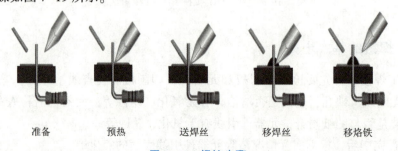

准备　　　　　预热　　　　　送焊丝　　　　移焊丝　　　　移烙铁

图 7-19　焊接步骤

元器件装焊的顺序原则是先低后高、先轻后重、先耐热后不耐热。一般的装焊先后次序是电阻、二极管、电容器、晶体管、集成电路和大功率管等。

4. 焊点的检查

合格焊点要求：电气连接可靠、机械强度足够强、外观整齐光洁。高质量焊点的形状为近似圆锥而表面呈微凹状，焊料的连接面呈半弓形凹面，表面光泽平滑，无裂纹、针孔、夹渣等，如图7-20所示。

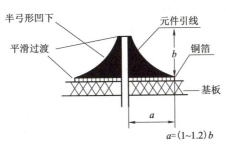

图 7-20 焊点形状

常见焊点的缺陷有虚焊和假焊。虚焊看起来有锡在引线和焊盘上，但焊锡与引线接触不良，容易出现信号时有时无的情况。假焊看起来有锡在引线和焊盘上，但焊盘上没有锡焊的浸润，焊点根本就没焊上去，电路没有接通，严重时元器件的引线可以从印刷电路板上拔下来。

焊接完成后，需观察焊点是否存在针孔、气泡、裂纹、焊点剥落、表面粗糙、拉尖、桥接等缺陷，及时发现并解决问题。

学习任务7.6 电压调整率和电流调整率

电压调整率和电流调整率是衡量电源好坏的重要指标，电压调整率是体现输入电压波动时（输出电流不变）输出电压的稳定程度；电流调整率又称负载调整率，是体现负载变化时（输入电压不变）输出电压的稳定程度。

1. 电压调整率

电压调整率 S_u：在输出电流不变的情况下，当电网电压变化±10%时，输出电压相对变化量的百分数，即

$$S_u = \frac{\Delta U_o}{U_o} \times 100\% \tag{7-5}$$

式中 U_o——输入电压为220 V，负载不接时的输出端电压，要求 $S_u < ±1\%$。

（1）变压器输入电压保持220 V，接上负载电阻，电流表测输出回路电流，调节负载电阻使输出电流为1 A，测输出电压 U_1。

（2）应用单相调压器使变压器输入电压升至242 V（220 V上升10%），调节负载电阻使输出电流保持1 A不变，测输出电压 U_2。

（3）应用单相调压器使变压器输入电压降至198 V（220 V下降10%），调节负载电阻

使输出电流保持 1 A 不变，测输出电压 U_3。

计算 $S_{u1} = \dfrac{U_2 - U_1}{U_o} \times 100\%$ 和 $S_{u2} = \dfrac{U_1 - U_3}{U_o} \times 100\%$，$U_o$ 为额定输出电压，取 S_{u1} 和 S_{u2} 中较大的一个作为该稳压电源的电压调整率。

2. 电流调整率

电流调整率 S_i：在输入电压及环境温度保持不变的情况下，由于负载电流 I_o 的变化引起输出电压相对变化量的百分数，即

$$S_i = \frac{\Delta U_o}{U_o} \times 100\% \tag{7-6}$$

式中　U_o——输入电压为 220 V，负载不接时的输出端电压，要求 $S_i < \pm 1\%$。

（1）变压器输入电压保持 220 V，不接负载（$I_o = 0$）时，测输出电压 U_o。

（2）变压器输入电压保持 220 V，接负载且电流为 1 A 时，测输出电压 U_1。

计算 $S_i = \dfrac{U_o - U_1}{U_o} \times 100\%$。

学习任务7.7　调压器

调压器简称"电力调整器"，是一种调节交流电电压的设备，它接在电源和负载中间，配上相应的触发控制电路板，就可以调整加到负载上的电压、电流和功率。调压器分为自耦调压器、隔离调压器、油浸式感应调压器、柱式电动调压器和晶闸管调压器五种类型，晶闸管调压器在工业中应用尤为广泛。调压器按工作方式分为手动调压器和电动调压器，按输入电源类型分为单相调压器和三相调压器。单相调压器示例如图 7-21 所示。

单相调压器的输入是 220 V 单相交流电，输出一般为 0~250 V 或 0~300 V 交流电，输出电压在工作范围内平滑无级连续可调。

图 7-21　单相调压器

学习任务7.8　信号发生器

信号发生器又称信号源，它是提供符合一定技术要求的测试信号的设备，它能够提供不同波形、频率和幅度的电信号。

函数信号发生器是一种信号发生装置，能产生某些特定的周期性时间函数波形（正弦波、方波、三角波、锯齿波和脉冲波等）信号，频率范围可从几微赫到几十兆赫。函数信号发生器所产生的信号在电路中常常用来代替前端电路的实际信号，为后端电路提供一个理想信号。由于信号源信号的特征参数均可人为设定，所以可以方便地模拟各种情况下不同特性的信号，对于产品研发和电路实验特别有用。函数信号发生器如图 7-22 所示。

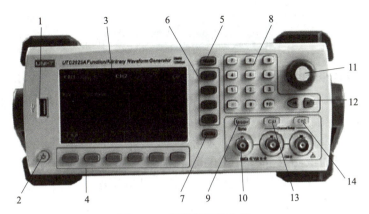

图 7-22 函数信号发生器

1—USB 接口；2—开/关机键；3—显示屏；4—菜单操作软键；5—菜单键；6—功能菜单软键；

7—辅助功能与系统设置按键；8—数字键盘；9—手动触发按键；10—同步输出端；

11—多功能旋钮/按键；12—方向键；13—CH1 控制/输出端；14—CH2 控制/输出端

信号发生器的使用：

（1）将函数信号发生器接入交流 220 V、50 Hz 电源，按下电源开关，指示灯亮。

（2）按下所需波形的选择功能开关。

（3）在需要输出脉冲波时，拉出占空比调节开关，调节占空比可获得稳定清晰的波形，此时频率为原来的 1/10。在正弦和三角波状态时，按下占空比开关按钮。

（4）当需要小信号输出时，按下衰减器按钮。

（5）调节幅度旋钮至需要的输出幅度。

（6）当需要直流电平时，拉出直流偏移调节旋钮，调节直流电平偏移至需要设置的电平值，其他状态时按下直流偏移调节按钮，直流电平将为零。

手持式信号发生器小巧便携，易于操作，使用也越来越普及，如图 7-23 所示。

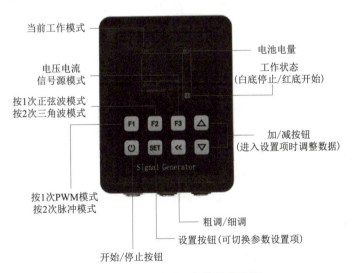

图 7-23 手持式函数信号发生器

学习任务 7.9 示波器

示波器是一种能够反映两个关联参数的 $X–Y$ 坐标图形的显示仪器。用示波器可观测电路中任意点的信号波形，定量测量被测信号的电压、周期、频率和相位等参数。优利德示波器如图 7-24 所示。

示波器主要由示波管（CRT）、X/Y 方向放大器、触发同步电路、扫描发生器等部分组成。示波管是示波器的核心部件，用于产生 X 和 Y 方向两组电信号扫描出来的一条曲线，其他部分电路分别用于控制输入信号的耦合方式，调整示波管 X 和 Y 方向偏转灵敏度及扫描同步，以确保在示波管上显示一条 X 和 Y 方向比例适当且波形稳定的扫描曲线。

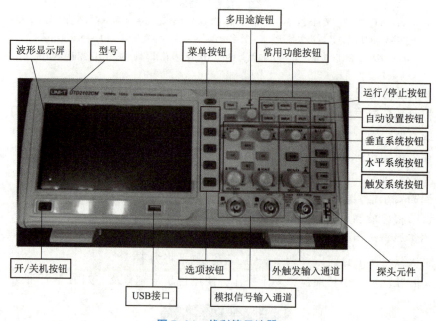

图 7-24 优利德示波器

1. 示波器校验

示波器在连接被测信号前必须进行校验，即利用标准信号对示波器 X、Y 方向上的输出精度进行校验。将示波器探头的尾部与通道相连，开启电源，调整竖直位置旋钮，使得荧光屏中亮线位于中间位置，按下相应通道按钮，将示波器探头的前端与标准信号输出端相连，按下"AUTO"模式开关，调整竖直和水平位置旋钮（竖直方向显示幅度，水平方向显示周期），使得显示的信号幅度和频率符合设备的标准值。校验设置如图 7-25 所示。

2. 信号连接与波形抓取

用于连接被测电路与示波器输入端的连接器叫探头。探头前端为信号输入端，鳄鱼夹为地线连接端。用示波器校验后，探头信号端与被测电路测量点相连，鳄鱼夹与电路 GND 相连，此时，示波器荧光屏上就会高亮显示被测点的波形。信号发生器与示波器探头之间的连接如图 7-26 所示。

图 7-25　校验设置

图 7-26　信号发生器与示波器探头之间的连接

3. 数据读取

待示波器荧光屏上波形稳定后，读取并计算相应数据，示波器能直接读出的是幅度（峰值 $U_{\text{P-P}}$，幅值的 2 倍）和周期，幅度看 Y 轴方向，周期看 X 轴方向。

测幅度：调节竖直位置旋钮，让波形的最下面与某一条水平刻度线重合，然后读出波形最上面与最下面之间的格数。

$$U_{\text{P-P}} = \text{DIV}_{(垂直格数)} \times V/\text{DIV}_{(灵敏度系数)} \tag{7-7}$$

测周期的方法与测幅度的方法类似，用的是水平位置旋钮。

$$T = \text{DIV}_{(水平格数)} \times t/\text{DIV}_{(灵敏度系数)} \tag{7-8}$$

当探头衰减置"×10"时，计算值应乘以 10；当灵敏度置"×5 扩展"时，计算值应除以 5。

提高读数精度的方法：波形的幅度要尽量放大，以占据荧光屏 Y 方向的 1/2~3/4 为宜；波形左右要张开，以荧光屏上显示 1~2 个周期的波形为宜。

晶闸管调光电路如图 7-27 所示。

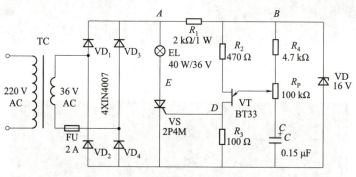

图 7-27　晶闸管调光电路

1. 晶闸管

晶闸管又被称为可控硅元件，多用于可控整流、逆变、调压等电路，也可作为无触点开关，一般分为单向可控硅和双向可控硅以及门级关断晶闸管。2P4M 单向可控硅的实物如图 7-28（a）所示，符号如图 7-28（b）所示，A 为阳极，K 为阴极，G 为控制极，它由两个 P 型晶体管和四个 N 型晶体管组成。

工作原理：阳极 A 和阴极 K 与电源和负载连接，组成晶闸管的主电路，晶闸管的门极 G 和阴极 K 与控制晶闸管的装置连接，组成晶闸管的控制电路，当 A–K 之间加正向电压、G–K 之间加正向电压时，可控硅触发导通。晶闸管在导通情况下，只要有一定的正向阳极电压，不论门极电压如何，晶闸管保持导通，即晶闸管导通后，门极失去作用。晶闸管在导通情况下，当主回路电压（或电流）减小到接近于零时，晶闸管关断。

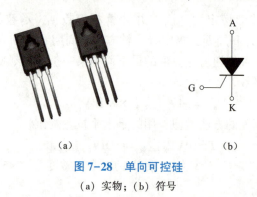

图 7-28　单向可控硅

（a）实物；（b）符号

2. 单结晶体管

单结晶体管有两个基极，仅有一个 PN 结，故称双基极二极管。单结晶体管 BT33 的符号及外观如图 7-29 所示。发射极 E 箭头倾斜指向 B_1，表示经 PN 结的电流只流向 B_1 极。

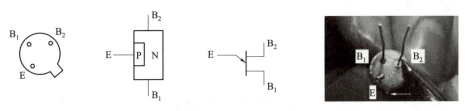

图 7-29　单结晶体管 BT33

E—发射极；B_1—第一基极；B_2—第二基极

单结晶体管具有负阻特性，即当发射极电流 I 增加时，发射极电压 V_e 反而减小。利用单结晶体管的负阻特性和 RC 充放电电路，可制作脉冲振荡器。

3. 晶闸管调光电路工作原理

在图 7-27 中，VT、R_2、R_3、R_4、R_P、C 组成单结晶体管张弛振荡器。接通电源前，电容 C 上电压为零。接通电源后，电容经由 R_4、R_P 充电，电容的电压逐渐升高，当达到峰顶电压时，单结晶体管 BT33 的 E-B_1 导通，电容上电压经 E-B_1 向电阻 R_3 放电；当电容上的电压降到谷底电压时，单结晶体管恢复阻断状态。此后，电容又重新充电，重复上述过程，结果在电容上形成锯齿状电压，在 R_3 上则形成脉冲电压，此脉冲电压作为晶闸管 2P4M 的触发信号。在 VD$_1$～VD$_4$ 桥式整流电路输出的每一个半波时间内，振荡器产生的第一个脉冲为有效触发信号。调节 R_P 的阻值，可改变触发脉冲的相位，控制晶闸管的导通角，调节灯泡亮度。

任务工单部分

任务工单 7.1　稳压电源的焊接和调试

【任务介绍】

班级：		组别：		姓名：		日期：	
工作任务		稳压电源的焊接和调试				分数：	

任务描述：

1. 电阻、电位器、二极管、电容、变压器等电子元器件的检测；
2. 剥线钳、电烙铁、万用表、调压器等常用电工工量具的操作；
3. LM317 稳压电源电路的识读与分析，电路板焊接、数据测量、排故与调试。

序号	任务内容	是否完成
1	稳压电源电路识读	
2	电阻、电位器、二极管、电容、变压器等元器件检测	
3	稳压电源电路板焊接	
4	故障分析与排除	
5	数据测量及电压调整率、电源调整率计算	
6	剥线钳、电烙铁、万用表、调压器等工量具操作	
7	工量具、元器件等现场 5S 管理	

【任务分析】

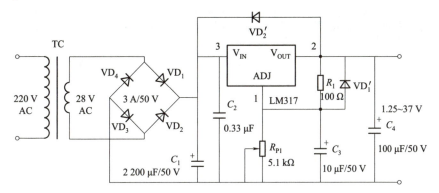

1. 电路图中 C_1 的作用是（　　）。
（A）充电　　　　　（B）放电　　　　　（C）滤波　　　　　（D）电源
2. 变压器能改变的电压类型是（　　）。
（A）交流　　　　　（B）直流　　　　　（C）交流或直流　　（D）脉动直流
3. 桥式整流后经负载的电流方向（　　）。
（A）相反　　　　　（B）相同　　　　　（C）相同或相反　　（D）由负载决定
4. 电路图中 LM317 芯片的作用是（　　）。
（A）变压　　　　　（B）整流　　　　　（C）滤波　　　　　（D）稳压
5. 电工安全用具的使用注意事项有哪些？

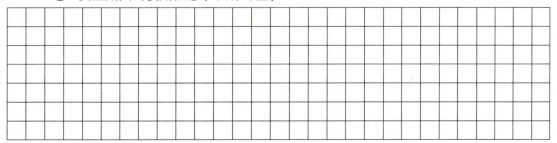

【任务准备】

1. 领取元器件并核对数量及规格。

序号	电气符号	名称	数量	规格
1	TC			
2	$VD_1 \sim VD_4$			
3	VD_1'、VD_2'			
4	C_1、C_3、C_4			
5	C_2			
6	R_1			
7	R_{P1}			
8	LM317			

2. 领取工量具并检查。

序号	名称	数量	规格	备注（功能好坏）
1				
2				
3				
4				
5				
6				
7				
8				

【任务实施】

1. 电路图识读与分析。

稳压电源电路中变压→整流→滤波→稳压的工作原理，稳压电源电路的工作过程。

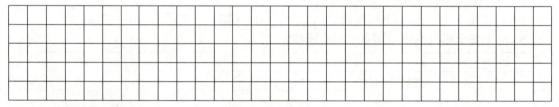

2. 元器件的检测

利用万用表蜂鸣挡检测二极管、变压器的初级线圈和次级线圈，用电阻挡检测电阻和电位器，用电容挡检测电容。

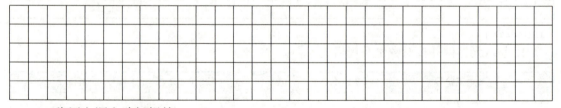

3. 稳压电源电路板焊接。

装焊先后次序：电阻、二极管、电容器、晶体管、集成电路、大功率管等。

电路板焊接步骤：清除引线表面氧化层→引脚弯曲成形→元器件插放→电烙铁焊接→焊点检查。

4. 故障分析与排除。

（1）断电情况下检查二极管、极性电容等元件引脚是否接反，有则拆除重焊。

（2）断电情况下检测变压器次级线圈及电路输出端是否存在短路，有则排除。

（3）通电试运行，测量电路输出端是否有电压，无则断电检查，排除断路、接错位置等故障。

（4）通电运行，实现电路功能。

5. 数据测量及计算。

空载	变压器输入电压	变压器输出电压	整流后电压	稳压后电压
	_____ V	_____ V	_____ V	_____ V

电压调整率	电源输入电压	198 V	220 V	242 V
	稳压输出电压	_____ V	_____ V	_____ V
	电压调整率计算：			

电流调整率	输出电流	空载	100~150 mA
	输出电压	_____ V	_____ V
	电流调整率计算：		

电源质量	

【检查评估】

按评分标准实施互评和师评。

序号	考核内容	考核要求	评分标准	配分	得分
1	电路图识读	掌握稳压电源变压、整流、滤波、稳压的实现方法	变压、整流、滤波、稳压工作原理说明不清楚每项扣2分，电路工作过程说明不清楚扣4分	10	
2	元器件检测	能熟练检测电子元器件，包括规格以及质量好坏	电阻、电位器、二极管、电容、变压器等检测不正确，每项扣2分	10	
3	电路板焊接	1. 能合理安排次序焊接电子元器件； 2. 能熟练操作电烙铁	1. 焊点不美观，每处扣2分 2. 焊点出现虚焊、假焊等，每处扣4分	30	
4	故障排除及通电运行	能在通电情况下判断故障，能在断电情况下检测、判断及排除故障	1. 不会判断故障及故障判断错误，每项扣5分 2. 在考核时间内，1次通电运行不成功扣10分，2次通电运行不成功扣20分，3次通电运行不成功扣30分	30	
5	数据测量及计算	能测量相应参数并计算电压调整率和电流调整率	电压调整率和电流调整率计算错误每项扣5分	10	
6	5S情况	现场、工量具及相关材料的整理与填写	1. 工量具摆放不整齐扣5分 2. 工作台脏乱差扣5分 3. 工位使用登记不填写扣5分	10	
7	安全文明生产	按国家颁布的安全生产或企业有关规定考核	本项为否定项，实行一票否决	是（　　） 否（　　）	
合计					

项目7　电子器件的焊接与装调 ■ 171

【心得收获】

1. 本次任务新接触的内容描述。

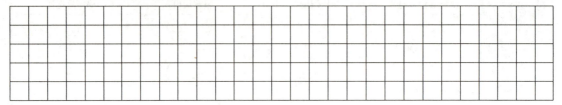

2. 总结在任务实施中遇到的困难及解决措施。

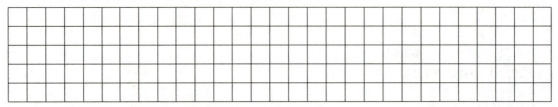

3. 综合评价自己的得失，总结成长的经验和教训。

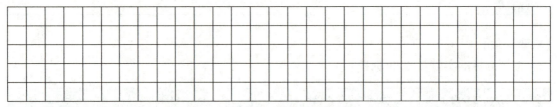

【拓展强化】

1. W7812 三端集成稳压器的稳定电压值是（　　　）。

（A）5 V　　　　　（B）9 V　　　　　（C）12 V　　　　　（D）15 V

2. 电压调整率是体现（　　　）波动时输出电压的稳定程度。

（A）输入电压　　　（B）输入电流　　　（C）输出电流　　　（D）无法确定

3. 电流调整率是体现（　　　）变化时输出电压的稳定程度。

（A）输入电压　　　（B）输入电流　　　（C）负载　　　　　（D）无法确定

4. 简述剥线钳的使用方法。

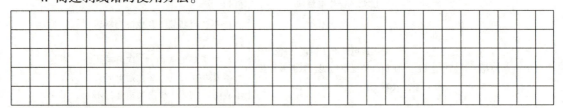

5. 简述电路图中 C_1 和 C_2 的区别。

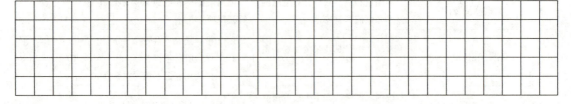

任务工单 7.2 白炽灯调光电路的焊接与调试

【任务介绍】

班级：		组别：		姓名：		日期：	
工作任务			白炽灯调光电路的焊接与调试			分数：	

任务描述：

1. 电阻、电位器、二极管、稳压二极管、熔断丝、极性电容、单向晶闸管、单结晶体管、变压器等电子元器件的检测；

2. 剥线钳、电烙铁、万用表、示波器等常用电工工量具的操作；

3. 白炽灯调光电路的识读与分析，电路板焊接、波形绘制、排故与调试。

序号	任务内容	是否完成
1	白炽灯调光电路识读	
2	电阻、电位器、二极管、稳压二极管、熔断丝、极性电容、单向晶闸管、单结晶体管、变压器等元器件检测	
3	白炽灯调光电路板焊接	
4	故障分析与排除	
5	电路测试点波形绘制	
6	剥线钳、电烙铁、万用表、示波器等工量具操作	
7	工量具、元器件等现场 5S 管理	

【任务分析】

1. 识读电路图，写出下列文字符号对应的元器件名称。

RP （　　　　　　）；VS （　　　　　　）；VT （　　　　　　）；VD （　　　　　　）

2. 二极管检测是应用它的 （　　） 特性来确定 P 极和 N 极的。

（A）双向导通　　　　（B）单向导通　　　　（C）正向　　　　（D）反向

3. 稳压二极管的工作区域是 （　　）。

（A）反向击穿区　　　（B）正向导通区　　　（C）反向截止区　　（D）正向死区

4. 电路图中 VS （2P4M） 的＿＿＿＿＿之间是一个 PN 结。

5. 电路图中 VT（BT33）有_____个 B 极、_____个 E 极。

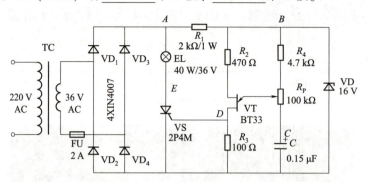

【任务准备】

1. 领取元器件并核对数量及规格。

序号	电气符号	名称	数量	规格
1	TC			
2	FU			
3	$D_1 \sim D_4$			
4	VS			
5	VT			
6	VD			
7	C			
8	EL			
9	$R_1 \sim R_4$			
10	R_P			

2. 领取工量具并检查。

序号	名称	数量	规格	备注（功能好坏）
1				
2				
3				
4				
5				
6				
7				
8				

【任务实施】

1. 电路图识读与分析。

白炽灯电路中实现光度调节的工作原理。

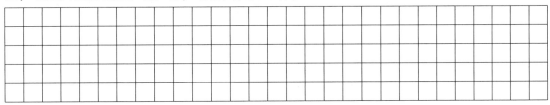

2. 元器件的检测。

利用万用表蜂鸣挡检测二极管、晶闸管、晶体管、熔断丝、变压器的初级线圈和次级线圈，电阻挡检测电阻和电位器，电容挡检测电容。

3. 白炽灯调光电路板焊接。

装焊先后次序：电阻、二极管、电容器、晶体管、集成电路、大功率管等。

电路板焊接步骤：清除引线表面氧化层→引脚弯曲成形→元器件插放→电烙铁焊接→焊点检查。

4. 故障分析与排除。

（1）断电情况下检查二极管、极性电容、晶闸管、晶体管等元件引脚是否接反，有则拆除重焊。

（2）断电情况下检测变压器次级线圈是否存在短路，有则排除。

（3）通电试运行，调节电位器，观察白炽灯亮度是否变化，无则断电检查，排除断路、接错位置等故障。

（4）通电运行，实现电路功能。

5. 测试点 A、B、C、D、E 波形绘制。

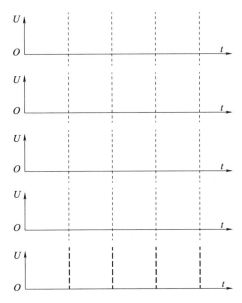

【检查评估】

按评分标准实施互评和师评。

序号	考核内容	考核要求	评分标准	配分	得分
1	电路图识读	掌握白炽灯光度调节的实现方法	变压、整流、滤波、稳压工作原理说明不清楚每项扣2分，调光原理说明不清楚扣4分	10	
2	元器件检测	能熟练检测电子元器件，包括规格以及质量好坏	电阻、电位器、二极管、稳压二极管、熔断丝、极性电容、单向晶闸管、单结晶体管、变压器等检测不正确，每项扣2分	10	
3	电路板焊接	1. 能合理安排次序焊接电子元器件；2. 能熟练操作电烙铁	1. 焊点不美观，每处扣2分；2. 焊点出现虚焊、假焊等，每处扣4分	30	
4	故障排除及通电运行	能在通电情况下判断故障，能在断电情况下检测、判断及排除故障	1. 不会判断故障及故障判断错误，每项扣5分；2. 在考核时间内，1次通电运行不成功扣10分，2次通电运行不成功扣20分，3次通电运行不成功扣30分	30	
5	测试点波形绘制	能使用示波器获取各测试点的波形	测试点A、B、C、D、E波形错误，每项扣2分	10	
6	5S情况	现场、工量具及相关材料的整理与填写	1. 工量具摆放不整齐扣5分；2. 工作台脏乱差扣5分；3. 工位使用登记不填写扣5分	10	
7	安全文明生产	按国家颁布的安全生产或企业有关规定考核	本项为否定项，实行一票否决	是（　　）否（　　）	
合计					

【心得收获】

1. 本次任务新接触的内容描述。

（空白表格）

2. 总结在任务实施中遇到的困难及解决措施。

（空白表格）

3. 综合评价自己的得失，总结成长的经验和教训。

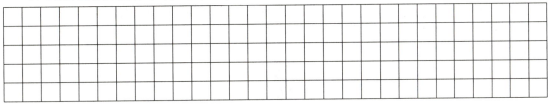

【拓展强化】

1. 合格焊点的形状为近似圆锥而表面呈（　　　）。

（A）微凹状　　　　　（B）微凸状　　　　　（C）凸状　　　　　（D）平面

2. 示波器在使用前要进行（　　　）。

（A）调零　　　　　（B）清零　　　　　（C）校验　　　　　（D）初始化

3. 示波器荧光屏上 X、Y 轴分别表示的波形参数是（　　　）。

（A）幅度、周期　　　（B）周期、幅度　　　（C）周期、频率　　　（D）幅度、频率

4. 合闸后可送电到作业地点的刀闸操作把手上应悬挂_____的标示牌。

5. 简述电烙铁使用时的注意事项。

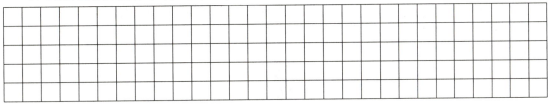

项目 8　筛选装置的安装与调试

项目介绍

学校科技服务团队收到一家客户的订单，需要完成一套电气控制系统用于分拣物料。目前设计初稿已经由客户工程部的工程师完成，需要按照图纸进行安装与调试，并根据 DINVDE0100-600 进行外观检查和完成验收报告。

具体要求：筛选装置控制功能分为手动模式与自动模式，手动模式主要完成对软件的信号与硬件的机构进行操作测试；自动模式完成自动分拣功能，能够根据物料的材质进行分拣，并进行计数。系统具备急停保护功能。筛选装置执行部件如图 8-1 所示。

图 8-1　筛选装置执行部件

学有所获

知识目标

（1）理解电气装调的规范标准。

（2）查阅项目所需要的元器件规格信息。

（3）掌握项目电气图纸的识读技巧。

（4）掌握 DIN VDE 0100-600 检测方法。

（5）理解 S7-1200 PLC 程序编制方法。

（6）能进行系统的电气装调。

能力目标

（1）能识读和分析电气部分图纸。

（2）能对控制部分器件合理布局。

（3）能规范地进行电路与气路部分布局。

（4）能利用专业仪表对设备进行电气安全检测。

（5）能进行控制程序的编制。

（6）能进行系统调试。

（7）能用较规范的语言进行专业谈话与调试期间的对话。

素养目标

（1）遵守操作规范、用电安全等事项。

（2）有效地进行团队合作。

（3）与团队成员、教师之间进行有效的沟通，具备较好的表达能力。

（4）遵守环境保护规定，减少工作过程中对环境的负面影响，具备较强的环保意识。

学习任务8.1 筛选装置控制要求

按照《筛选装置图样册》中电气图样的要求，安装一个外部连有 PLC 控制系统的电气控制柜。电气控制柜包含主回路和控制回路两部分，主回路负责给电动机、开关电源和维修插座提供能源；控制回路则负责控制设备的运行以及控制信号的传输。在实施安装的过程中，结合 DIN VDE 标准规范和电气控制柜安装相关工艺，在考虑材料和人力成本以及环保要求的情况下，通过收集资料制订科学合理的电气控制柜主回路安装计划，并且按照制订的工作计划进行任务的实施，按照检查表完成线路的目测检查。在完成所有任务后，小组进行总结和评价。筛选装置实物展示示意图如图 8-2 所示，筛选装置控制柜示意图如图 8-3 所示。

图 8-2　筛选装置实物展示示意图

图 8-3　筛选装置控制柜示意图

1. 传感器分配器

传感器分配器在机电一体化系统中起到工业信号的变送、转换、隔离和传输等作用。筛选装置中的分配器主要用于控制单元与执行机构的连接，其主要分为传感器分配器和执行器分配器两部分。

图 8-4 所示为 M12 传感器分配器面板（母头）及分配器公头。

（a）　　　　　　　　　　　　　　　　　（b）

图 8-4　M12 传感器分配器面板（母头）及分配器公头

（a）面板；（b）公头

1）传感器分配器的符号

传感器分配器的符号与端子排符号相同，命名如 X20、X30。传感器分配体系示意图如图 8-5 所示。

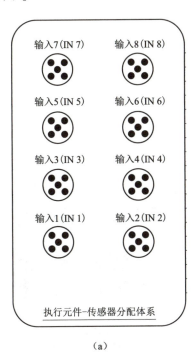

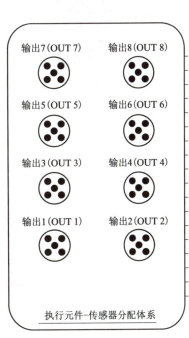

（a）　　　　　　　　　　　　　　　　　（b）

图 8-5　传感器分配体系示意图

（a）X20；（b）X30

2）传感器分配器的接线

PNP 型传感器的接线（公头）如图 8-6 所示，传感器分配器公头接线图如图 8-7 所示。

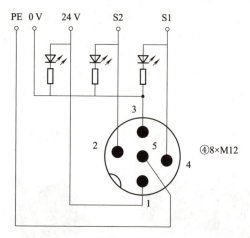

图 8-6   PNP 型传感器的接线（公头）

图 8-7   传感器分配器公头接线图

3）传感器分配器的安装

传感器分配器的类型、展示图及接线方式见表 8-1。

表 8-1   传感器分配器的类型、展示图及接线方式

类型	展示图	接线方式	实物外形
4 针式		1 号接口对应棕色线 2 号接口对应白色线 3 号接口对应蓝色线 4 号接口对应棕色线	

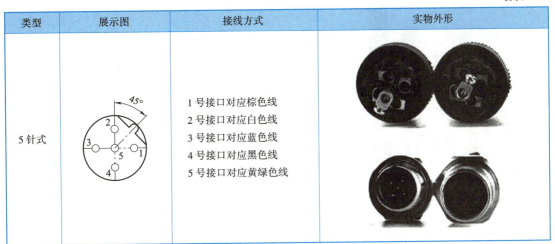

类型	展示图	接线方式	实物外形
5针式	45°	1号接口对应棕色线 2号接口对应白色线 3号接口对应蓝色线 4号接口对应黑色线 5号接口对应黄绿色线	

传感器分配器的外形结构展示与部分参数见表8-2。

表8-2　外形结构展示与部分参数

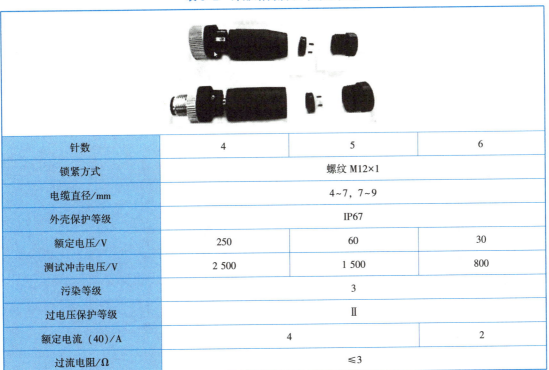

针数	4	5	6
锁紧方式	螺纹 M12×1		
电缆直径/mm	4~7, 7~9		
外壳保护等级	IP67		
额定电压/V	250	60	30
测试冲击电压/V	2 500	1 500	800
污染等级	3		
过电压保护等级	Ⅱ		
额定电流（40）/A	4		2
过流电阻/Ω	≤3		

2. 多层信号灯柱

多层信号灯柱在大型机械设备中是不可缺少的元件，不同的颜色显示对现场操作人员传达相对应的操作，如图8-8所示。

1）多层信号灯柱的型号及含义

多层信号灯柱的型号及含义如图8-9所示。

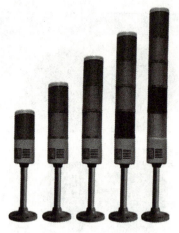

图 8-8　多层信号灯柱

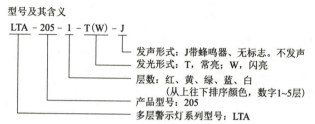

型号及其含义

LTA – 205 – 1 – T(W) – J

发声形式：J带蜂鸣器，无标志。不发声
发光形式：T，常亮；W，闪亮
层数：红、黄、绿、蓝、白
（从上往下排序颜色，数字1~5层）
产品型号：205
多层警示灯系列型号：LTA

图 8-9　多层信号灯柱的型号及含义

2）多层信号灯柱的接线图

多层信号灯柱常亮、闪亮接法如图 8-10 和图 8-11 所示。

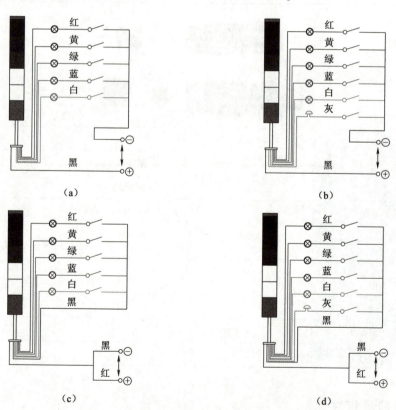

图 8-10　多层信号灯柱常亮、闪亮接法（DC 12 V/24 V）

（a）常亮不带声音接线图；（b）常亮带声音接线图；
（c）闪亮不带声音接线图；（d）闪亮带声音接线图

常亮/闪亮接线图
（适合AC 220 V）

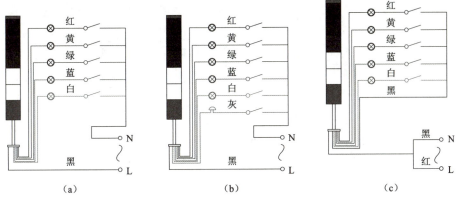

（a） （b） （c）

图 8-11 多层信号灯柱常亮、闪亮接法（AC 220 V）

（a）常亮/闪亮不带声音接线图；（b）常亮/闪亮带声音接线图；（c）闪亮不带声音接线图

学习任务 8.3 筛选装置主回路分析

主回路为执行机构提供了三相交流电，为 PLC 电源模块提供了电源，为控制回路提供了 24 V 直流电源，其安装图如图 8-12 所示。

主回路功能分析：合上总开关 Q1，PLC 电源模块 T1 得电→合上开关 F4，电源模块 T1 的 24 V 直流电源给 PLC、Q2、Q3、A1、信号灯柱 A3 和按钮盒 A2 上各类开关及指示灯供电。

学习任务 8.4 筛选装置控制回路分析

控制回路包括安全控制回路、显示与操作回路和控制显示回路等。

1. 安全控制回路

安全控制回路为控制器 PLC 提供了安全保护功能，当安全控制器工作时，PLC 输出部分的 24 V 电源无法正常执行，其安装图如图 8-13 所示。

安全控制回路功能分析：拍下急停按钮 S1→安全继电器开始工作，信号灯柱 A3 红灯点亮，PLC 输出部分 24 V 电源停止工作；松开急停按钮 S1→按下启动按钮 S2，安全继电器停止工作，信号灯柱 A3 红灯熄灭，绿灯点亮，PLC 输出部分电源 24 V 正常工作。

2. 显示与操作回路

显示与操作回路主要围绕 PLC 控制系统的信号接收端对关键的控制信号进行采集，主要来源为 A2 按钮盒、X20 输入信号分配器以及 F8 安全继电器，由于信号采集回路原理相同，故本部分选择 A2 按钮盒为信号来源的设备按钮操作控制回路图进行介绍与分析，如图 8-14 所示。

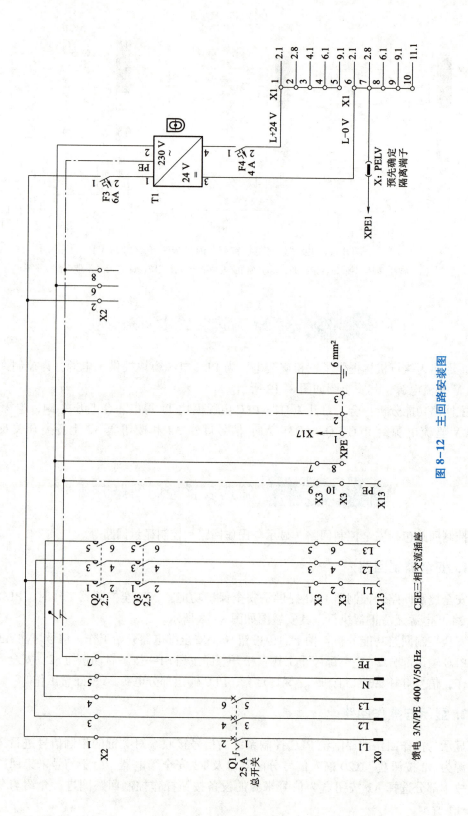

图 8-12 主回路安装图

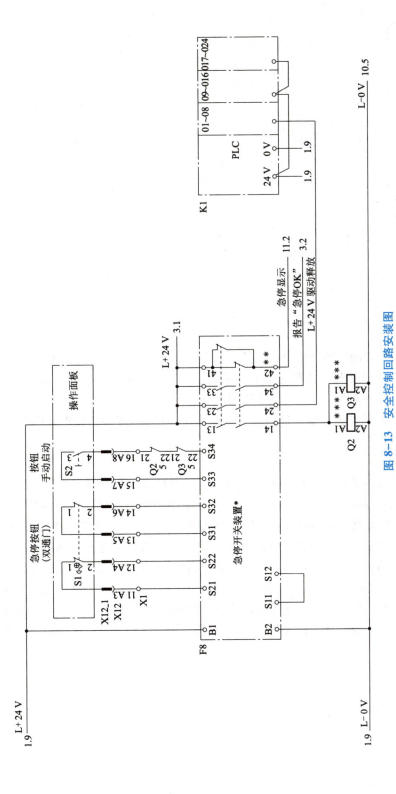

图8-13 安全控制回路安装图

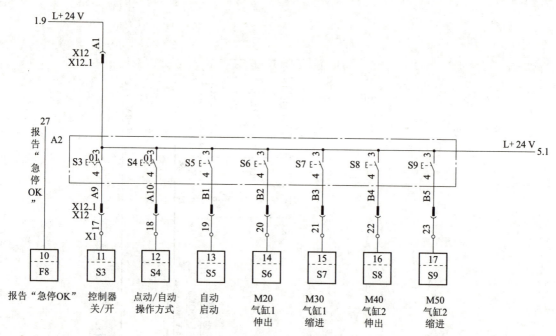

图 8-14　设备按钮操作控制回路图

设备按钮操作控制回路功能分析：按下控制器关/开按钮 S3，控制系统 24 V 电源至信号卡 I1 回路接通开始工作，I1 信号被有效采集至 PLC 内部存储器，对应地址的信号可用于后续系统控制程序的编写与调试。同理按钮盒 A2 中每一回路的信号卡皆可对应图纸的按钮功能被采集至 PLC 控制器当中，进而形成编程所需的 I/O 分配表（博图软件中的符号表）。

3. 控制显示回路

控制显示回路主要对控制系统中关键的运行状态信号进行直观的提示（通常以声光两类形式），主要输出执行对象为 A2 按钮盒、X30 输出信号分配器。由于本控制系统中信号输出对象主要为状态指示灯与电磁阀，即控制回路电学原理相同，故选择与上面显示和操作回路对应的 A2 按钮盒为执行对象的控制显示回路图进行介绍与分析，如图 8-15 所示。

控制显示回路功能分析：当物料累计件数达到设定值时，控制系统 014 输出信号卡输出一个有效的 24 V 直流电压信号，驱动 A2 按钮盒中白色状态灯 P7 回路接通。同理按钮盒 A2 中每一回路的信号卡皆可对应系统的关键状态，特别地急停信号红色状态灯 P1 的有效信号是通过安全继电器的硬件回路直接驱动，并同时驱动三色信号灯柱 A3 中的红灯 P31。

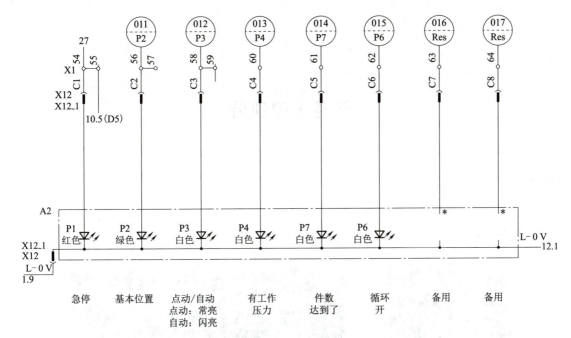

图 8-15　控制显示回路图

任务工单部分

班级：	组别：	姓名：	日期：
工作任务	筛选装置安装与调试		分数：

任务描述：

按照图纸进行安装与调试，并根据 DIN VDE 0100-600 进行外观检查和完成验收报告。

序号	任务内容	是否完成
1	识读滑仓系统电气原理图	
2	列元器件清单，准备元器件	
3	根据电气图进行安装与接线	
4	根据系统控制流程 GRAFCET 的编程调试	
5	对完成后的线路进行检测、调试与排故	
6	工量具、元器件等现场 5S 管理	

【任务分析】

1. TI 是什么器件？作用是什么？

2. 用简单的语言描述页次 1 图中急停开关装置 F8 的工作原理。

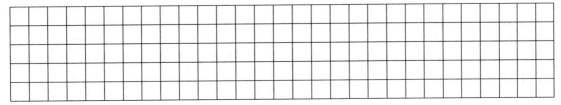

3. 页次 6 图中的 BP10 表示什么？有什么作用？

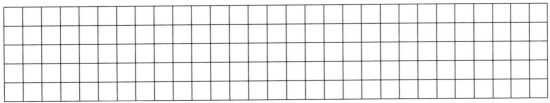

4. 页次 13 图中的 B20 表示什么？接入到传感器分配器的哪个端口？

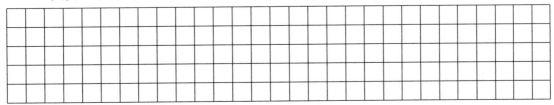

5. 页次 14 图中的 M20 表示什么元器件？接入到传感器分配器的哪个端口？

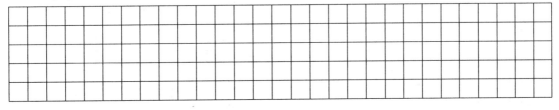

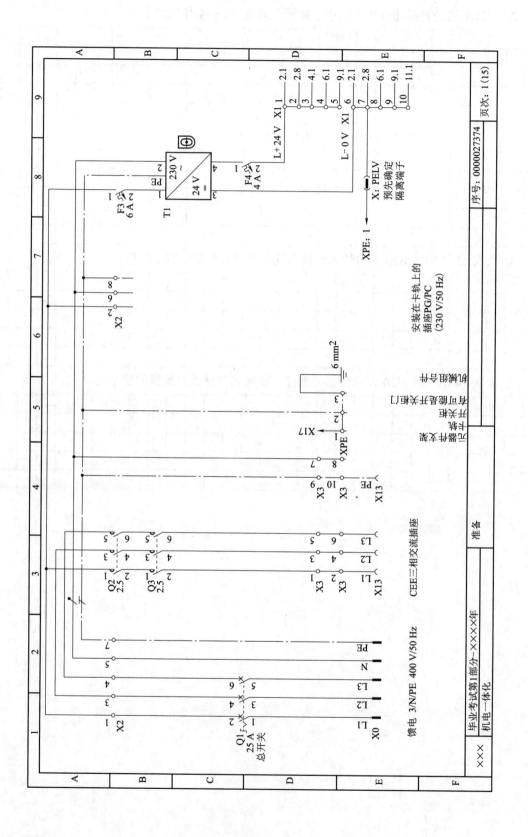

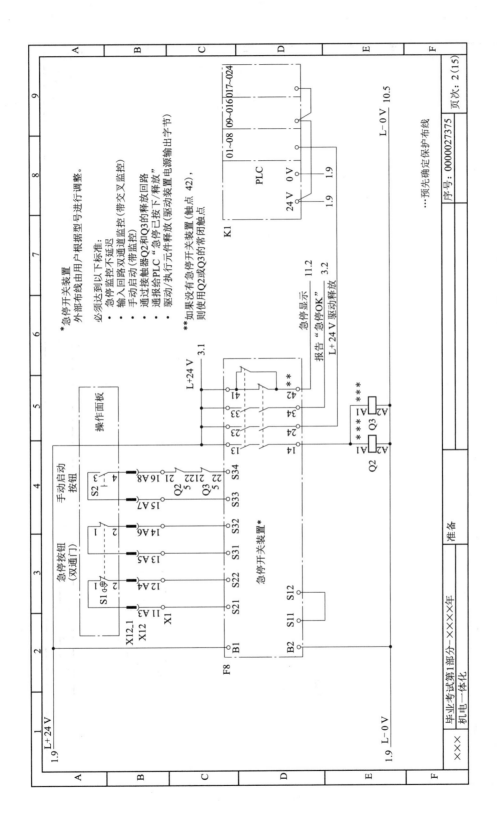

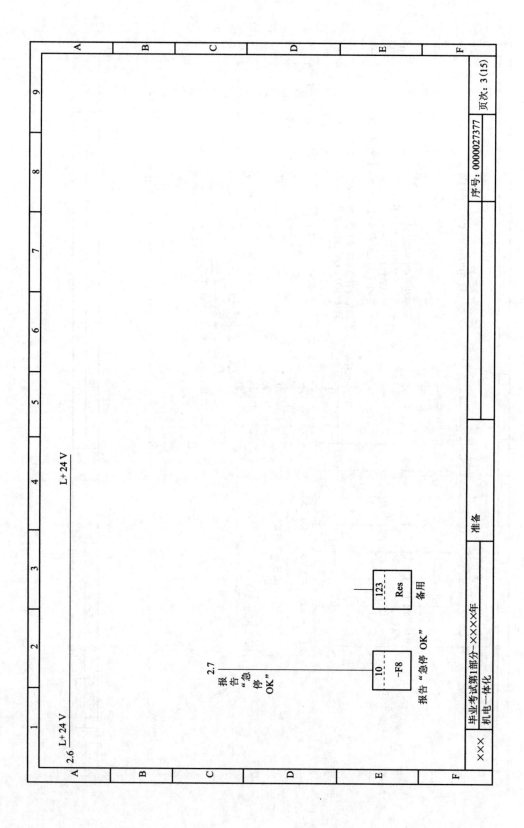

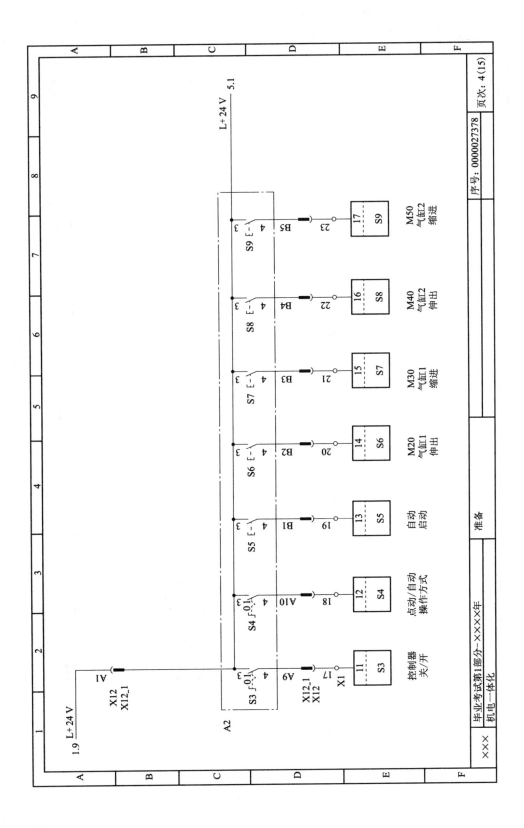

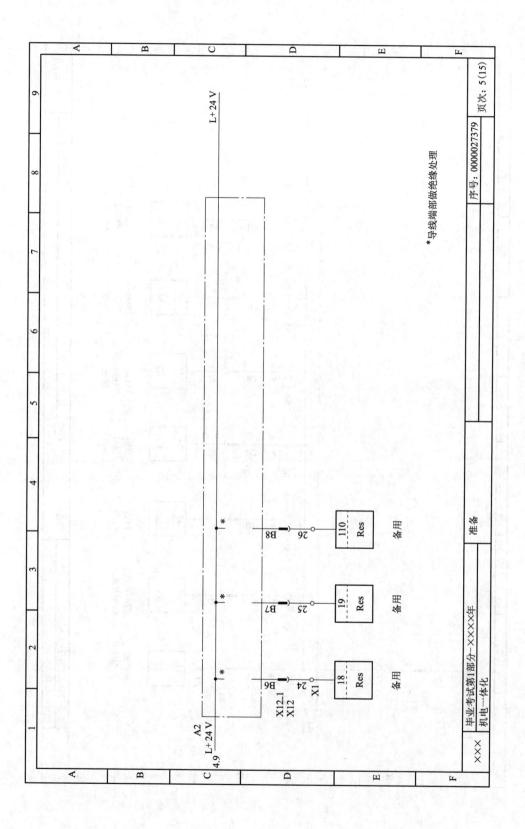

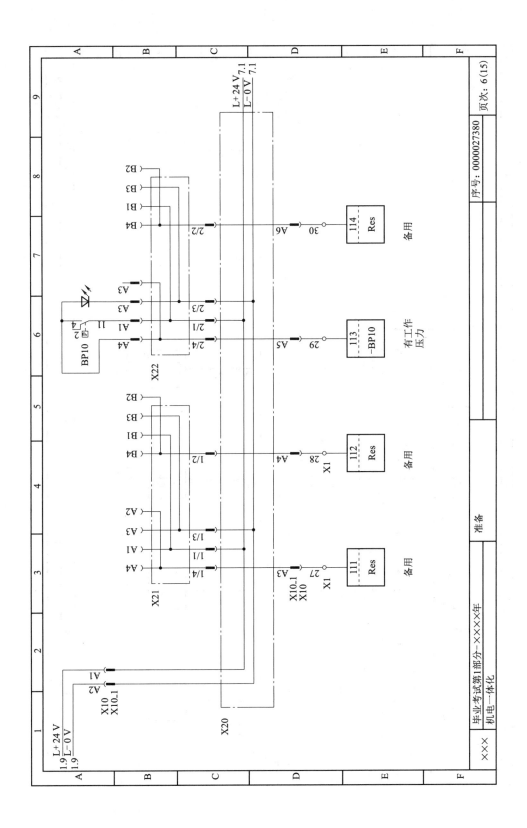

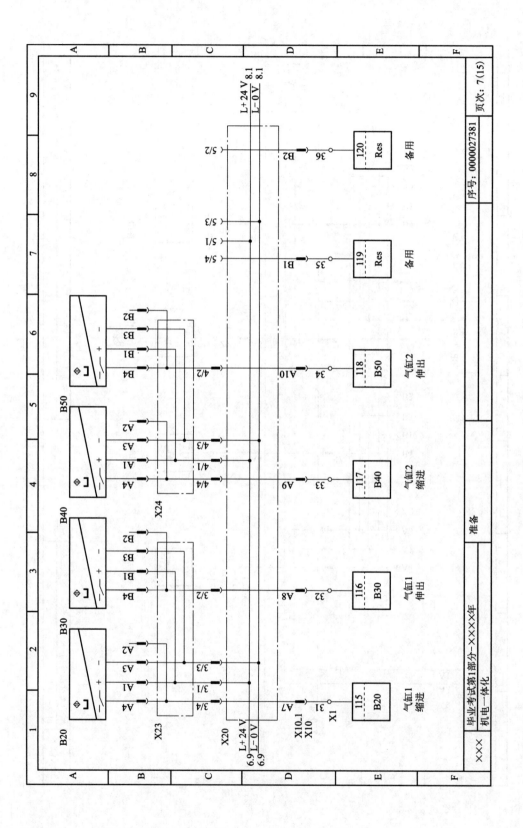

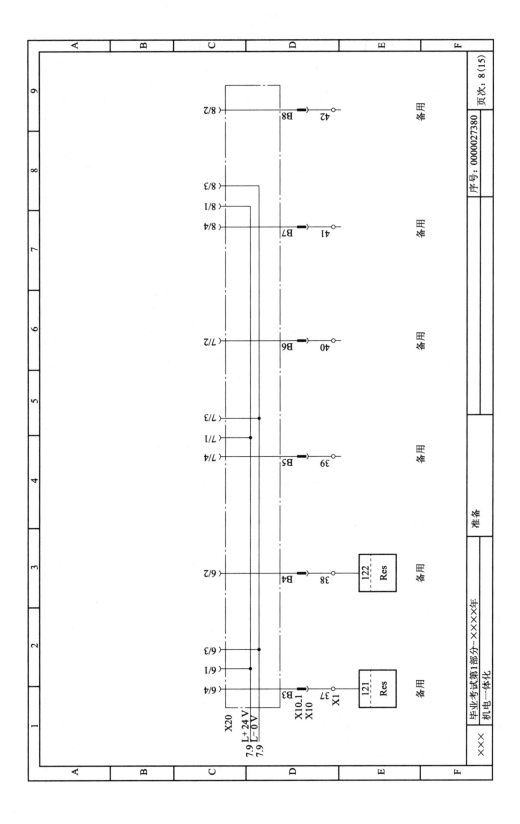

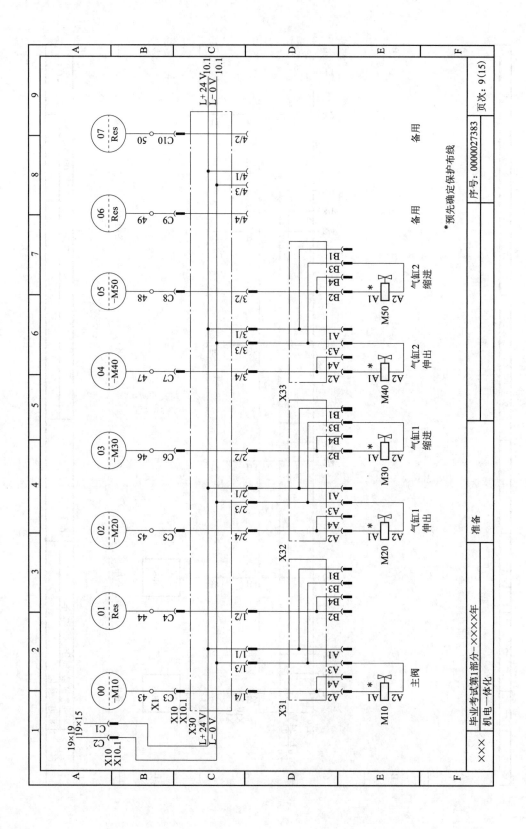

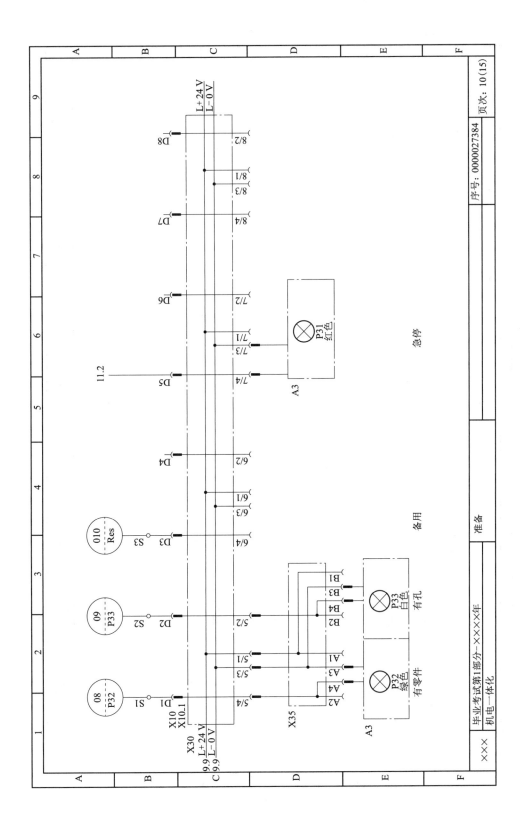

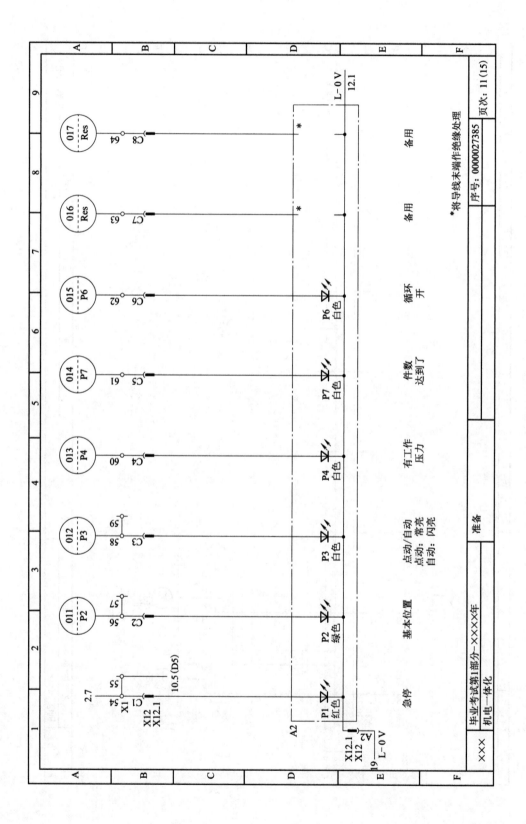

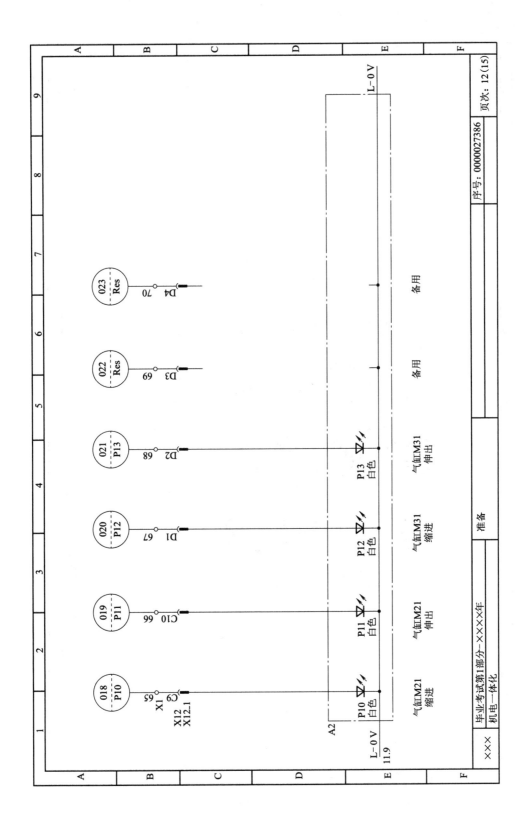

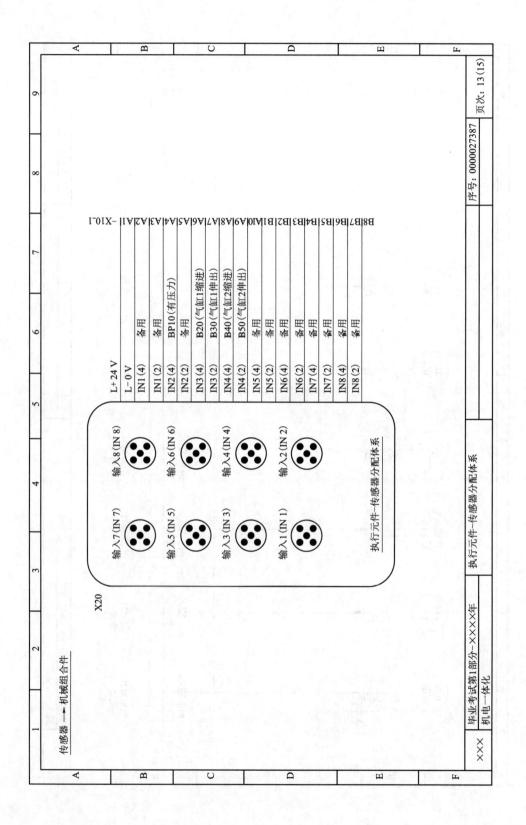

传感器 → 机械组合件

X20

输入7 (IN 7)　输入8 (IN 8)
输入5 (IN 5)　输入6 (IN 6)
输入3 (IN 3)　输入4 (IN 4)
输入1 (IN 1)　输入2 (IN 2)

执行元件-传感器分配体系

L+24 V
L-0 V
IN1 (4)　备用
IN1 (2)　备用
IN2 (4)　BP10 (有压力)
IN2 (2)　备用
IN3 (4)　B20 (气缸1缩进)
IN3 (2)　B30 (气缸1伸出)
IN4 (4)　B40 (气缸2缩进)
IN4 (2)　B50 (气缸2伸出)
IN5 (4)　备用
IN5 (2)　备用
IN6 (4)　备用
IN6 (2)　备用
IN7 (4)　备用
IN7 (2)　备用
IN8 (4)　备用
IN8 (2)　备用

-X10.1 A1 A2 A3 A4 A5 A6 A7 A8 A9 A10 B1 B2 B3 B4 B5 B6 B7 B8

序号: 0000027387
页次: 13 (15)

×××
毕业考试第1部分~××××年
机电一体化
执行元件-传感器分配体系

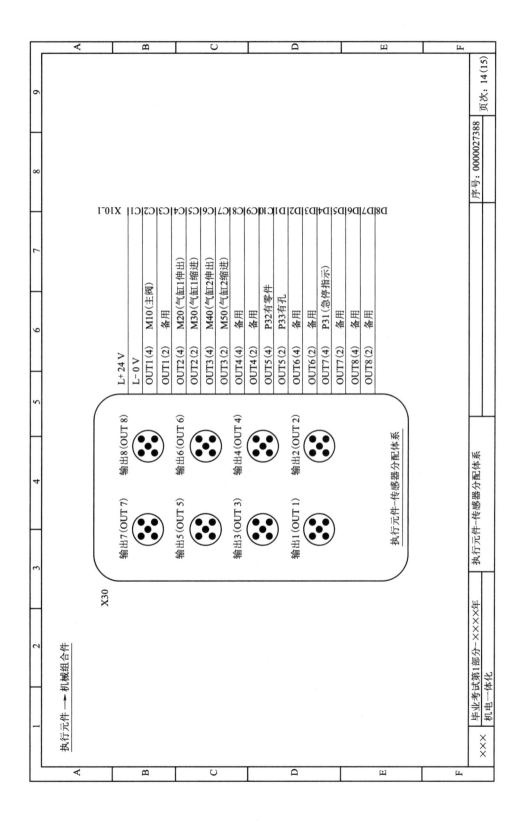

执行元件——机械组合件

X30

输出7 (OUT 7) 输出8 (OUT 8)

输出5 (OUT 5) 输出6 (OUT 6)

输出3 (OUT 3) 输出4 (OUT 4)

输出1 (OUT 1) 输出2 (OUT 2)

执行元件-传感器分配体系

D8 D7 D6 D5 D4 D3 D2 D1 D1 D0 C9 C8 C7 C6 C5 C4 C3 C2 C1 X10.1

L+ 24 V
L– 0 V
OUT1 (4)   M10 (主阀)
OUT1 (2)   备用
OUT2 (4)   M20 (气缸1伸出)
OUT2 (2)   M30 (气缸1缩进)
OUT3 (4)   M40 (气缸2伸出)
OUT3 (2)   M50 (气缸2缩进)
OUT4 (4)   备用
OUT4 (2)   备用
OUT5 (4)   P32有零件
OUT5 (2)   P33有孔
OUT6 (4)   备用
OUT6 (2)   备用
OUT7 (4)   P31 (急停指示)
OUT7 (2)   备用
OUT8 (4)   备用
OUT8 (2)   备用

序号: 0000027388   页次: 14 (15)

毕业考试第1部分-××××年   执行元件-传感器分配体系
机电一体化

×××

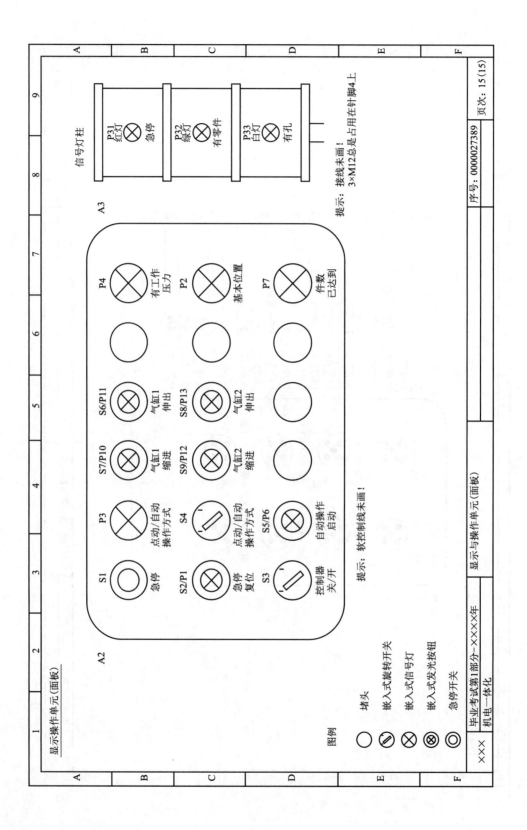

显示操作单元（面板）

A2

图例
○ 堵头
⊘ 嵌入式旋转开关
⊗ 嵌入式信号灯
⊗ 嵌入式发光按钮
◎ 急停开关

S1　急停
S2/P1　急停复位
S3　控制器关/开
P3　点动/自动操作方式
S4　点动/自动操作方式
S5/P6　自动操作启动
S7/P10　气缸1缩进
S6/P11　气缸1伸出
S9/P12　气缸2缩进
S8/P13　气缸2伸出
P4　有工作压力
P2　基本位置
P7　件数已达到

提示：软控制线未画！

A3

信号灯柱
P31 红灯　急停
P32 绿灯　有零件
P33 白灯　有孔

提示：接线未画！
3×M12 总是占用在针脚4上

显示与操作单元（面板）

×××　毕业考试第1部分~××××年　机电一体化　　序号：0000027389　页次：15 (15)

【任务准备】

1. 材料清单。

根据图纸要求，领取电气控制柜主回路、控制回路等元器件及工具清单。

序号	工具或元器件名称	型号	数量	确认项	单价
				是□　否□	
				是□　否□	
				是□　否□	
				是□　否□	
				是□　否□	
				是□　否□	
				是□　否□	
				是□　否□	
				是□　否□	
				是□　否□	
				是□　否□	
				是□　否□	
				是□　否□	
				是□　否□	
				是□　否□	
				是□　否□	
				是□　否□	
				是□　否□	
				是□　否□	
				是□　否□	
				是□　否□	
				是□　否□	

2. 元器件布局图。

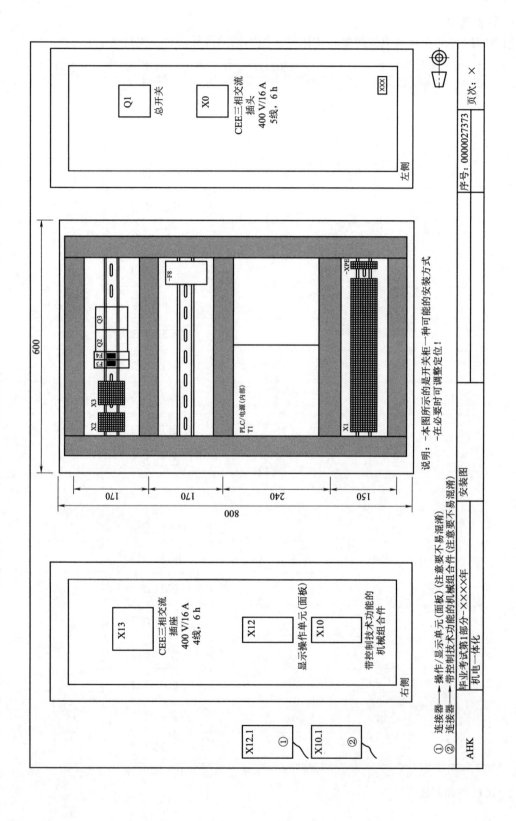

説明: -本图所示的是开关柜一种可能的安装方式
-在必要时可调整定位!

左側

Q1 总开关

X0 CEE三相交流
插头
400 V/16 A
5线，6 h

XXX

右側

X13 CEE三相交流
插座
400 V/16 A
4线，6 h

X12 显示操作单元 (面板)

X10 带控制技术功能的
机械组合件

① 连接器—操作/显示单元 (面板) (注意要不易混淆)
② 连接器—带控制技术功能的机械组合件 (注意要不易混淆)

X12.1 ①

X10.1 ②

毕业考试第1部分-××××年
机电一体化

AHK

安装图

序号: 0000027373

页次: ×

【任务实施】

1. 电气柜线材选型标准

使用位置	导线颜色	对应额 DIN 标准线型	对应的国家标准线型
控制回路供电 24 V	深蓝色	H05V–K0.5 mm^2	RV 1×0.5
零线	浅蓝色	H07V–K1.5 mm^2	RV 1×1.5
相线 230 V	红色	H07V–K1.5 mm^2	RV 1×1.5
保护线（支路）	黄绿相间	H07V–K1.5 mm^2	RV 1×1.5
急停开关装置线	紫色	H07V–K1.5 mm^2	RV 1×1.5
主回路	黑色	H07V–K2.5 mm^2	RV 1×2.5
负载隔离开关线	橙色	H07V–K2.5 mm^2	RV 1×2.5
保护线（主）	黄绿相间	H07V–K6.0 mm^2	RV 1×6.0

2. 电气柜常见冷压端子选用和压接。

冷压端子型号	压接工具	压接形状	压接要求
管型绝缘端子 （双线与单线）			管形绝缘端头压痕应均匀压接。 露铜导线必须伸出绝缘部分 2~3 mm，不能伸出金属端头
冷压端子 （绝叉型缘和裸露式）			裸露式和绝缘式要保证导线露出 2~3 mm。 裸露式要用号码管盖住压接部分。 绝缘式要保证压接位置在绝缘套的正中间
圈型冷压端子 （绝缘和裸露式）			裸露式和绝缘式要保证导线露出 2~3 mm。 裸露式端子要用号码管盖住压接部分。 绝缘式要保证压接位置在绝缘套的正中间
网线水晶头			分清楚是交叉接法还是平行接法。 保证水晶头要接到位、不脱落

3. 按 GRAFCET 表图制定的流程图编写程序。

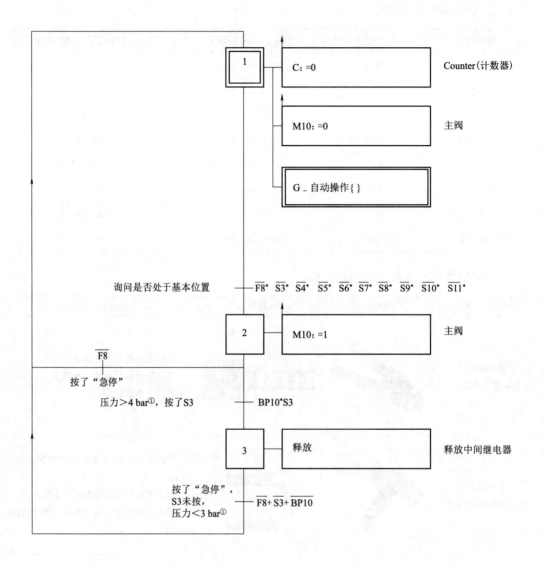

---

① 1 bar＝0.1 MPa。

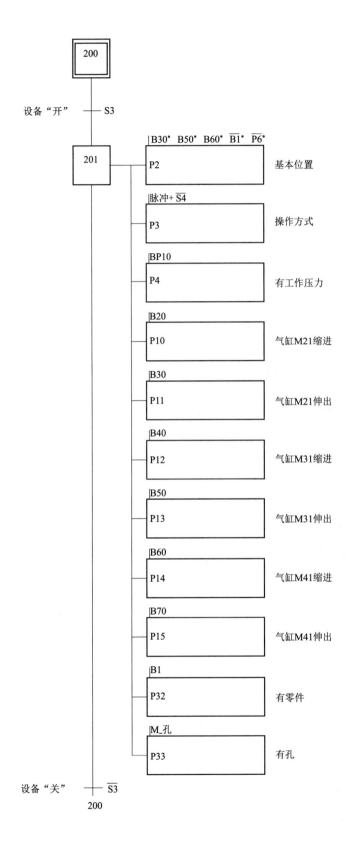

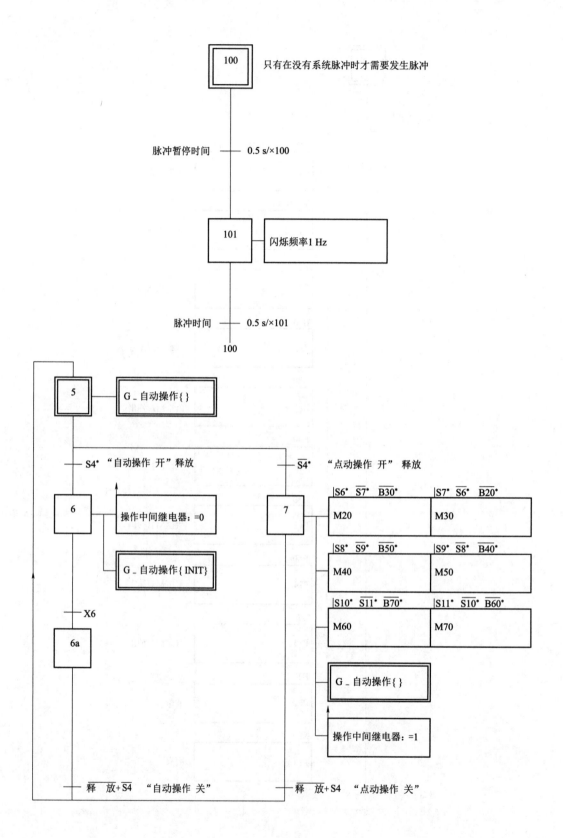

只有在没有系统脉冲时才需要发生脉冲

脉冲暂停时间 — 0.5 s/×100

闪烁频率1 Hz

脉冲时间 — 0.5 s/×101

G_自动操作{ }

S4* "自动操作 开" 释放

操作中间继电器：=0

G_自动操作{ INIT}

X6

S̄4* "点动操作 开" 释放

|S6* S̄7* B̄30*   M20 |S7* S̄6* B̄20*   M30

|S8* S̄9* B̄50*   M40 |S9* S̄8* B̄40*   M50

|S10* S̄11* B̄70* M60 |S11* S̄10* B̄60* M70

G_自动操作{ }

操作中间继电器：=1

释 放+S̄4 "自动操作 关"

释 放+S4 "点动操作 关"

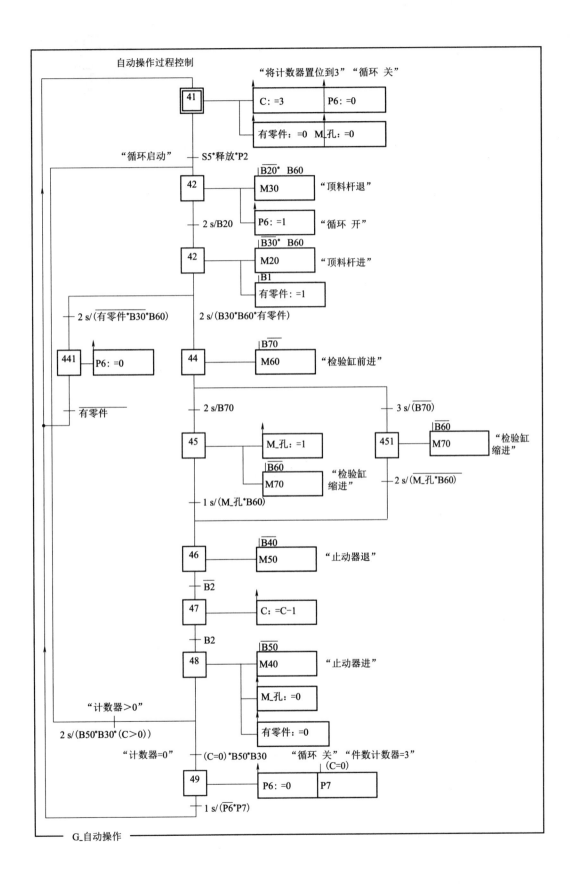

【任务检查】　　　　　　　　　　　　　　　　　　　**DIN VDE 0701/0702 参数测量**

编号：	页次：	客户编号：
订单委托方（客户）：	订单号：	承接方：
设备：		检验人：

检查按：DIN VDE 0701/0702 □　　DGUV 规定 3 □　　　□

新设备 □　　　扩展（加装）□　　　改动 □　　　修理 □　　　复检 □

设备数据：

制造厂家：＿＿＿＿＿＿＿＿　　额定电压：＿＿＿＿＿V　cos φ：＿＿＿＿＿

型号：＿＿＿＿＿＿＿＿＿＿　　额定电流：＿＿＿＿＿A　防护等级：Ⅰ□　　Ⅱ□　　Ⅲ□

序列号：＿＿＿＿＿＿＿＿＿　　额定功率：＿＿＿＿W　防触电保护类型：IP＿＿＿＿＿

识别号：＿＿＿＿＿＿＿＿＿　　频率：＿＿＿＿＿Hz

检查	正常	不正常	检查	正常	不正常	检查	正常	不正常
铭牌/告示/标识	□	□	冷却风口/空气过滤器	□	□	过载/不按实际要求使用的迹象	□	□
外壳/护板（护罩）	□	□	开关，控制装置，调节装置，安全装置	□	□	影响安全的污染/腐蚀/老化	□	□
连接线/连接插头，接线端子，连接芯线	□	□	方便操作的设备熔断器设计	□	□	机械危害	□	□
连接线防折弯/减轻张力保护	□	□	元器件与组合件	□	□	非经许可的干涉和改动	□	□
固定装置，电线架托，保险丝座等	□	□		□	□		□	□

测量	极限值	测量值	正常	不正常	备注
接地保护线电阻	Ω	Ω	□	□	
绝缘电阻	MΩ	MΩ	□	□	
接地保护线电流	mA	mA	□	□	
接触电流	mA	mA	□	□	
	mA	mA	□	□	

功能检查	正常	不正常
设备功能	□	□

所用的测量设备	产品： 型号：	产品： 型号：	产品： 型号：

检测结果：

确定没问题 □　　　检验标贴　是 □　　　下次检验日期：

确定有问题 □　　　已发　　否 □　　　月：＿＿＿　年：＿＿＿

问题/备注：	此电气设备符合公认的电工技术规范 只要按规范要求使用，安全是有保障的	是□ 否□

订单委托方（客户）：　　　　　　　　　　　　　检测员：

＿＿＿＿＿＿＿　＿＿＿＿＿＿＿　＿＿＿＿＿＿＿　　＿＿＿＿＿＿＿　＿＿＿＿＿＿＿　＿＿＿＿＿＿＿

　　地点　　　　　日期　　　　　签名　　　　　　地点　　　　　日期　　　　　签名

【检查评估】

1. 目检

检查内容	评分标准	配分	得分
器件选型	行程开关、PLC 控制器、交流接触器、马达保护断路器选择不对，每项扣 4 分；空气开关、按钮、接线端子选择不对，每项扣 2 分	10	
导线连接	接点松动、接头露铜过长、压绝缘层，每处扣 2 分	10	
选线与布线	导线型号、截面积、颜色选择不正确，导线绝缘或线芯损伤，线号标识不清楚、遗漏或误标，布线不美观，每处扣 2 分	10	

2. 测量

检查内容	评分标准	配分	得分
接地保护线	PE 接点之间的电阻测量值与标准值的误差超过 ±5%，每处扣 2 分	10	
绝缘电阻	测量值没有达到无穷大，扣 6 分	6	
脱扣电流、脱扣时间	脱扣电流和脱扣时间的测量值不符合标准值，每种情况扣 2 分	4	

3. 通电试验

检查内容	评分标准	配分	得分
主电路功能	主电路缺相扣 5 分，短路扣 10 分	10	
控制电路功能	启停、自锁、互锁、行程开关换接功能缺失，每项扣 5 分	20	
通电成功性	1 次试车不成功扣 5 分，2 次不成功扣 10 分	10	

4. 职业素养

检查内容	评分标准	配分	得分
工具、量具	工量具摆放不整齐扣 3 分	3	
使用登记	工位使用登记不填写扣 2 分	2	
工作台	工作台脏乱差扣 5 分	5	
合计		100	

【心得收获】

1. 分条简述在任务实施中遇到的问题及解决措施。

2. 综合评价收获，总结成长的经验和教训。

【拓展强化】

1. 您在做修理工作中使用一个电压检测仪器，请问什么时候应该检查其状态是否良好？
（   ）

（1）每天

（2）每次使用之前

（3）每周一次

（4）每月一次

（5）每年一次

2. 下图步骤 10 的命令输出对应 GRAFCET 图中哪个的流程片段？（   ）

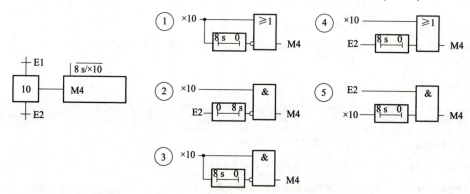

3. 在可编程序控制器上，反向作用的输出指令不仅必须经 PLC 程序进行互锁（软件联锁），而且还必须采用接触器联锁（硬件联锁）。请问下面哪一组触点表示方式正确表示出了上面的联锁要求？（   ）

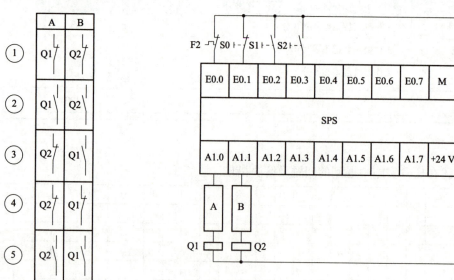

4. 如下所示的流程控制图是要求对两种液体进行混合并加热到 60 ℃。请问必须满足哪些条件才能打开阀3?（　　）

（1）步 2 置位，搅拌器关掉

（2）步 2 置位，LS3 动作

（3）步 3 置位，TS 动作

（4）启动信号置位，阀门 1 打开

（5）步 4 置位，温度达到

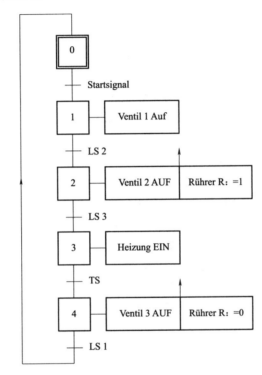

参 考 文 献

［1］荆瑞红，陈友广. 电气安装规划与实施（第2版）［M］. 北京：北京理工大学出版社，2021.

［2］莫晓瑾，周兰. 机电一体化子系统安装与调试［M］. 北京：机械工业出版社，2021.

［3］［德］海因里希·达尔霍夫. 机电一体化图表手册（第2版）［M］. 长沙：湖南科学技术出版社，2020.

［4］［德］欧巴组. 电气工程学［M］. 北京：机械工业出版社，2013.

［5］汤雪峰，周晓刚. 机电一体化系统安装与调试［M］. 北京：外语教学与研究出版社，2017.

［6］李红斌，岳向阳. 机电一体化子系统安装与调试［M］. 北京：外语教学与研究出版社，2017.

［7］西门子S7-1200可编程控制器系统手册［Z］，2019.

［8］潘云忠，赵秀芬. 电气控制与PLC应用［M］. 北京：化学工业出版社，2018.

［9］王浩. 机床电气控制与PLC（第2版）［M］. 北京：机械工业出版社，2019.

［10］邹建华，彭宽平，等. 电工电子技术基础（第四版）［M］. 武汉：华中科技大学出版社，2015.

［11］王琳. 电工电子技术（第3版）［M］. 北京：北京理工大学出版社，2019.

［12］张福辉. EPLAN Electric P8教育版使用教程［M］. 北京：人民邮电出版社，2015.

［13］车娟，郁秋华，等. EPLAN电气设计项目教程［M］. 北京：北京理工大学出版社，2024.

［14］中华人民共和国人力资源和社会保障部. 国家职业技能标准（电工）［S］. 2018.

［15］廖长初. PLC编程及应用（第4版）［M］. 北京：机械工业出版社，2017.

［16］卓书芳. 电机与电气控制技术项目教程［M］. 北京：机械工业出版社，2016.

［17］张硕. TIA博途软件与S7-1200/1500PLC应用详解［M］. 北京：电子工业出版社，2017.

［18］西门子技术手册. MicroMaster 420通用型变频器使用大全［Z］，2013.

［19］荆瑞红，周皓. 电工电子技能训练［M］. 北京：北京交通大学出版社，2010.